职业教育"校企双元、产教融合型"系列教材

单片机应用实训

基于天煌THMEDP-2型实训箱

杨祖荣　姚声阳　李培元　主编

化学工业出版社

·北京·

内容简介

本书按模块化、项目化教学要求编写，突出"学以致用、学用结合"的基本理念。以学生未来从事单片机产品研发和产品维护工作的角度构建内容，力图解决课堂教学理论与实践脱节，学生学而不会用的问题。

本书着重讲解应用知识，各项目内容安排紧凑，分为四大模块，九个项目。前三个模块注重单片机应用技术中最基本、最实用的实训知识与技能，最后一个模块注重单片机开发综合训练。在语言上力求简单明了、通俗易懂；操作任务精心设计，任务程序逐行注释，把知识、技能的学习融入任务完成的过程中。

本书适合作为中职院校电子信息类专业的教材，亦可供单片机相关技术人员参考。

图书在版编目（CIP）数据

单片机应用实训 / 杨祖荣，姚声阳，李培元主编. — 北京：化学工业出版社，2024.3
ISBN 978-7-122-44831-6

Ⅰ.①单… Ⅱ.①杨… ②姚… ③李… Ⅲ.①单片微型计算机-教材 Ⅳ.①TP368.1

中国国家版本馆 CIP 数据核字（2024）第 058154 号

责任编辑：葛瑞祎　金　杰　　　装帧设计：张　辉
责任校对：王　静

出版发行：化学工业出版社
　　　　　（北京市东城区青年湖南街 13 号　邮政编码 100011）
印　　刷：北京云浩印刷有限责任公司
装　　订：三河市振勇印装有限公司

787mm×1092mm　1/16　印张 9½　字数 170 千字
2024 年 9 月北京第 1 版第 1 次印刷

购书咨询：010-64518888　　　　　售后服务：010-64518899
网　　址：http://www.cip.com.cn

凡购买本书，如有缺损质量问题，本社销售中心负责调换。

定　　价：32.00 元　　　　　　　　版权所有　违者必究

职业教育"校企双元、产教融合型"系列教材

编审委员会

主　任：邓卓明

委　员：（列名不分先后）

郭　建　黄　轶　刘川华　刘　伟

罗　林　薛　虎　徐诗学　王贵红

袁永波　赵志章　赵　静　朱喜祥

前言

  2019年以来,国务院、教育部先后印发了《国家职业教育改革实施方案》《教育部关于职业院校专业人才培养方案制订与实施工作的指导意见》《职业院校教材管理办法》《关于深化现代职业教育体系建设改革的意见》等一系列文件,明确提出要促进产教融合、校企合作"双元"育人,要求将新技术、新工艺、新规范纳入教学标准和教学内容,建设一大批校企"双元"合作开发的国家规划教材,倡导使用新型活页式、工作手册式教材并开发配套信息化资源,建立"职教高考"制度,完善"文化素质+职业技能"的考试招生办法。为推进这些改革措施的落地,重庆市巫山县职业教育中心与浙江天煌科技实业有限公司(天煌教仪)、重庆昭信教育研究院深度合作,组织长期从事单片机应用教学的一线教师和企业技术骨干共同编写了本书。

  基于天煌THMEDP-2型实训箱的《单片机应用实训》教材是根据中职学生的认知水平和教学实际来进行编写的。本书具有以下特点:

1. 采用"模块——项目——任务"架构

  在编写教材过程中,坚持"学以致用、学用结合"的理念,站在单片机应用、学生未来从事单片机产品研发和产品维护工作的角度构建内容:首先将《单片机应用实训》学习分为"基础认知、输入系统、显示系统、综合应用"四个教学模块,然后通过"认识单片机硬件、初识单片机程序、学用独立按键、学用阵列式键盘、数码管显示控制、LED点阵屏显示控制、12864液晶屏显示控制、控制直流电动机运转、秒表设计"等9个项目、33个任务,由浅入深地讲解了单片机技术,使学生在掌握单片机应用基础知识的同时,具备一定的动手实践能力。

2. 精选实训模块，注重基础能力培养

针对中职学生的实际情况和教学要求，本书采用"立足于基础、精讲理论、多实践""做中学，学中做"的理念，内容少而精，注重学生基础能力培养，符合中职学生的认知水平。

3. 讲透电路工作原理，用理论指导实践

在每一个项目实施过程中，都详细讲解了"项目"所涉及电路的工作原理，让学生"知其然，知其所以然"，用理论知识指导实践过程。

4. 单片机程序逐行注释，手把手教学

本书所用程序采用"逐行注释"的方法，解决学生编程难、程序理解难的问题，达到手把手教学的目的。同时，也要求同学们在编程过程中，养成添加注释的良好习惯，与实际工作需求挂钩。

5. 实现线上线下一体化教学与自学

本书配备相应的线上学习资源，学员可以在智慧职教（https：//mooc. icve. com. cn/）搜索"单片机应用实训"，注册后免费学习，实现线上线下一体化教学与自学。

本书由杨祖荣、姚声阳、李培元主编。编写体例设计由杨祖荣完成，统稿由姚声阳完成，内容审核由李培元、丁先烽完成，模块一由杨祖荣、姚声阳编写，模块二由邓平、李培元编写，模块三由丁先烽、王崇琴编写，模块四由黄春香、罗燕编写。

在教材编写过程中，得到了浙江天煌科技实业有限公司（天煌教仪）、重庆昭信教育研究院、重庆市教育科学院职业教育与成人教育研究所的大力支持，在此一并表示感谢！

由于编者水平所限，书中不足之处在所难免，敬请广大读者批评指正。

编者

2024 年 1 月

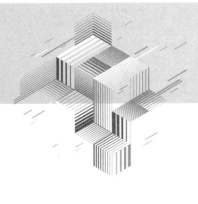

目 录

模块一 基础认知

项目一 认识单片机硬件 ········· 2
- 任务一 认识单片机 ········· 2
- 任务二 掌握单片机最小系统 ········· 7
- 任务三 了解单片机应用系统 ········· 8
- 任务四 熟悉单片机实训箱 ········· 9

项目二 初识单片机程序 ········· 15
- 任务一 了解单片机编程语言 ········· 16
- 任务二 熟悉 LED 灯控制电路 ········· 17
- 任务三 编写第一个单片机程序 ········· 18
- 任务四 编译单片机程序 ········· 25
- 任务五 下载单片机程序 ········· 27
- 任务六 编写第二个单片机程序 ········· 29

模块二 输入系统

项目三 学用独立按键 ········· 38
- 任务一 了解独立按键 ········· 39
- 任务二 多功能彩灯设计 ········· 40
- 任务三 编写多功能彩灯程序 ········· 41

项目四 学用阵列式键盘 ········· 49
- 任务一 了解蜂鸣器 ········· 50
- 任务二 了解扬声器 ········· 51

任务三　使用阵列式键盘 …………………………………… 52

模块三　显示系统

项目五　数码管显示控制 …………………………………………… 64
　任务一　认识数码管 ……………………………………………… 65
　任务二　数码管静态显示 ………………………………………… 67
　任务三　数码管动态显示 ………………………………………… 71

项目六　LED 点阵屏显示控制 …………………………………… 79
　任务一　认识 LED 点阵模块 …………………………………… 80
　任务二　熟悉 LED 点阵显示模块电路 ………………………… 81
　任务三　使用字模提取软件 ……………………………………… 84
　任务四　编写 LED 点阵显示程序 ……………………………… 87

项目七　12864 液晶屏显示控制 ………………………………… 96
　任务一　认识 12864 液晶显示屏 ……………………………… 97
　任务二　熟悉 12864 液晶显示模块 …………………………… 99
　任务三　编写 12864 液晶显示程序 …………………………… 100

模块四　综合应用

项目八　控制直流电动机运转 …………………………………… 116
　任务一　搭建控制电路 …………………………………………… 117
　任务二　认识中断 ………………………………………………… 118
　任务三　编写电动机控制程序 …………………………………… 121

项目九　秒表设计 …………………………………………………… 129
　任务一　搭建秒表电路 …………………………………………… 130
　任务二　了解定时中断 …………………………………………… 130
　任务三　了解 51 初值设定软件 ………………………………… 133
　任务四　编写秒表程序 …………………………………………… 133

参考文献 …………………………………………………………… 143

模块一

基础认知

模块描述

本模块主要从认识单片机、掌握单片机最小系统、了解单片机应用系统、熟悉单片机实训箱等方面来认识单片机硬件，从了解单片机编程语言、如何编写编译及下载单片机程序来初识单片机程序。

项目一

认识单片机硬件

知识目标
1. 了解什么是单片机；
2. 理解 AT89S52 单片机引脚排列图；
3. 掌握单片机应用系统。

能力目标
1. 能在电路图中找出电源、晶振、复位及存储器的引脚；
2. 能根据电路图在试验箱上面找出相应的按钮开关。

素质目标
1. 树立为中华民族伟大复兴而奋斗的信念；
2. 培养勇于探索的创新精神；
3. 树立科技强国的理想信念。

项目描述

本项目通过识别单片机电路原理图及实物，了解单片机的组成及作用，并且通过学习单片机的最小系统及应用系统，认识单片机硬件系统。

项目实施

任务一　认识单片机

单片机是单片微型计算机的简称，它是一类特殊的集成块。在一片集成块里,同时集成了中央处理器(CPU)、只读存储器(ROM)、随机存取存储器(RAM)、定时器/计数器、输入/输出接口等计算机部件,构成了一个微型计算机(相当于计算机主机)。只需为它配置适当的硬件设备和程序,单片机就能够实现各种控制功能。

简单地说,学习单片机就是学习"如何为单片机配置硬件,然后运用程序控制单片机完成特定功能"。

本书以 AT89S52 单片机的使用为例,其外形如图 1-1 所示。

图 1-1 AT89S52 单片机实物

AT89S52 单片机是 Atmel 公司生产的 AT89 系列单片机,与我国宏晶科技有限公司生产的 STC89 系列单片机、Intel 公司生产的 MCS-51 系列单片机兼容,可以互换使用,都属于 51 系列单片机。

AT89S52 单片机拥有 8KB 程序存储空间,最高工作频率 24MHz,采用双列直插式封装,共有 40 只引脚。如图 1-2 所示,单片机的每一只引脚都有特定的功能,并有名称标识,初学者应该记牢这些功能与标识。

根据功能的不同,可以将 AT89S52 单片机的引脚分为电源供给引脚、晶振电路引脚、复位电路引脚、输入/输出端口、外部存储器管理引脚五类。

一、电源供给引脚

电源供给引脚用于为单片机供电,有两只引脚。

VCC(第 40 引脚):电源端,外接电源正极。工作电压为 3.4~5.5V,一般使用+5V 电压。

GND(第 20 引脚):接地端,外接电源负极。

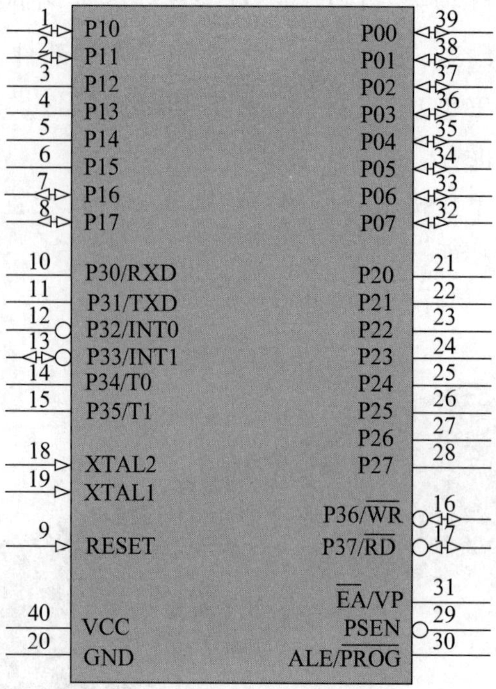

图 1-2　AT89S52 单片机引脚排列

二、晶振电路引脚

在单片机系统中，单片机工作于数字信号状态，因此必须有时钟信号才能正常工作。这个时钟信号是由晶体振荡电路（简称晶振电路）产生的。AT89S52 单片机的晶振电路如图 1-3 所示。

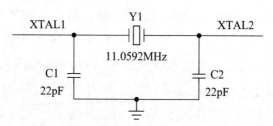

图 1-3　AT89S52 单片机晶振电路

AT89S52 单片机有 XTAL1、XTAL2 两只引脚（第 19 引脚和第 18 引脚）。这两只引脚外接晶体振荡器和电容，与内部电路一起构成时钟振荡器，为单片机的正常工作提供时钟信号。

晶振电路产生的时钟频率由晶体振荡器 Y1 决定。更换不同的晶体振荡器可以得到不同频率的时钟信号。在天煌 THMEDP-2 型单片机技术实训箱中，晶体振荡器的频率为 11.0592MHz，在后面的实训中会使用到。

三、复位电路引脚

AT89S52 单片机的复位电路如图 1-4 所示,连接在单片机的第 9 引脚。它有开机自动复位和手动复位两种功能。

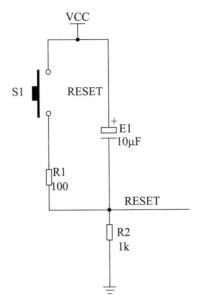

图 1-4　单片机复位电路

1. 开机自动复位

在单片机接通电源的瞬间,电源 VCC 的电压通过电容 E1 加到单片机复位端,对单片机进行复位操作。随着充电的进行,E1 负端电压不断降低(即单片机第 9 引脚电位降低)。当单片机第 9 引脚电位降到一定值时,复位结束,单片机进入正常工作状态。

2. 手动复位

当单片机出现异常或需要重启工作时,可以手动按下复位按钮 S1,实现手动复位。

四、输入/输出端口

AT89S52 单片机有 P0~P3 四组输入/输出(I/O)端口,共有 32 只引脚,主要用于连接输入/输出设备,接收输入指令和信息,经单片机程序分析、处理,输出指令,控制输出设备的工作状态。

1. P0 端口

P0 端口由单片机的 39~32 引脚组成,引脚名称 P00~P07。

P0 端口既可以作为输入/输出(I/O)端口使用,也可作为地址/数据复用总线使用。

P0 端口内部无上拉电阻。当 P0 端口作为输入/输出端口使用时，必须外接 4.7～10kΩ 的上拉电阻；当 P0 端口作为地址/数据复用总线使用时，P0 端口是低 8 位地址线（A0～A7）和数据线（D0～D7），此时无须外接上拉电阻。

2. P1 端口

P1 端口由单片机的 1～8 引脚组成，引脚名称 P10～P17。

P1 端口内部有上拉电阻。在使用 P1 端口时，无须外接上拉电阻。

3. P2 端口

P2 端口由单片机的 21～28 引脚组成，引脚名称 P20～P27。

P2 端口内部有上拉电阻。在使用 P2 端口时，无须外接上拉电阻。P2 端口既可以作为输入/输出（I/O）端口使用，也可作为高 8 位的地址总线（A8～A15）使用。

4. P3 端口

P3 端口由单片机的 10～17 引脚组成，引脚名称 P30～P37。

P3 端口内部有上拉电阻。在使用 P3 端口时，无须外接上拉电阻。P3 端口除了作为一般的输入/输出（I/O）端口使用外，每只引脚还具有第二功能，如表 1-1 所示。

表 1-1 AT89S52 单片机 P3 端口的第二功能

引脚编号	端口名称	第二功能	引脚编号	端口名称	第二功能
10	RXD	串口数据接收端	14	T0	定时器/计数器 0 外部输入端
11	TXD	串口数据发送端	15	T1	定时器/计数器 1 外部输入端
12	$\overline{INT0}$	外部中断 0 输入端	16	$\overline{WR}$	外部数据存储器写脉冲输出端
13	$\overline{INT1}$	外部中断 1 输入端	17	$\overline{RD}$	外部数据存储器读脉冲输出端

五、外部存储器管理引脚

1. 内/外程序存储器访问选择引脚

AT89S52 单片机的第 31 引脚 $\overline{EA}$ 为单片机内/外程序存储器访问选择端。当 $\overline{EA}$ 引脚接电源正极（高电平）时，在单片机通电后，从单片机内部程序存储器中读取程序运行；当 $\overline{EA}$ 引脚接地（低电平）时，在单片机通电后，从单片机外部程序存储器中读取程序运行。

在本课程和大多数实际应用中，单片机都不会外接外程序存储器，单片机程序直接存储在单片机内部程序存储器中。因此，$\overline{EA}$ 引脚必须接电源正极（高电平），保证单片机通电后，从单片机内部程序存储器中读取程序开始运行。

2. 外部存储器访问控制引脚

$\overline{\text{PSEN}}$（第 29 引脚）：访问外部存储器的读选通信号输出引脚。当单片机访问外部存储器时，发出读选通信号。

ALE（第 30 引脚）：地址锁存信号端。当单片机访问外部存储器时，用于把 P0 端口的低 8 位地址锁存到外部锁存器中。

单片机没有使用外部存储器时，$\overline{\text{PSEN}}$ 和 ALE 引脚一般空置，不连接任何电路。

任务二　掌握单片机最小系统

单片机最小系统是保证单片机能够正常工作的最小硬件组合。如图 1-5 所示，单片机最小系统由单片机、电源电路、晶振电路、复位电路和单片机内/外存储器选择电路五部分组成。

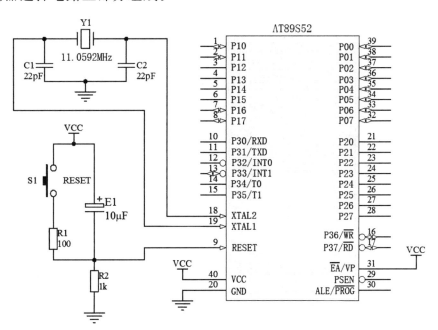

图 1-5　单片机最小系统电路

在天煌 THMEDP-2 型单片机技术实训箱中，单片机使用是的 AT89S52，单片机的第 20 引脚和 40 引脚是电源供给端，输入电压为+5V。

单片机的第 18、19 引脚，外接晶体振荡器 Y1 和电容 C1、C2，与内部电路一起构成晶振电路，为单片机的正常工作提供时钟信号。时钟信号的频率由晶体振荡器的参数决定：在天煌 THMEDP-2 型单片机技术实训箱中，采用了 11.0592MHz 的晶体振荡器，晶振电路产生的时钟信号频率约为 11.0592MHz。

单片机的第 9 引脚外接复位电路，由复位按钮 S1、电阻 R1 和 R2、电容 E1 等元件组成，具有开机自动复位和按 S1 按钮手动复位两种功能。

在本项目中，不使用外部存储器。因此，单片机的第 31 引脚 EA 端始终连接到高电压 VCC 端。

天煌 THMEDP-2 型单片机技术实训箱中的 51 单片机系统板，实质上就是一个单片机最小系统，如图 1-6 所示，在保证单片机正常工作的同时，系统板上设置了大量的连接单片机输入/输出端口的插座、插孔，供连接外部设备使用。

图 1-6　51 单片机系统板

在 51 单片机系统板上，+5V、GND 插孔为电源供给端，POWER 为电源指示灯，RESET 为单片机复位按钮，ISP 插座为单片机程序下载端口，JP3 为单片机内/外存储器选择跳线，默认连接 EA-H，请勿随意改动。

S2 为 P0、P1、P2 端口上拉电阻连接控制开关，通常置于 ON 端。CON1 为外部电源供给插孔。U2、JD4 用于外部存储器应用实训，在本项目中不会使用到。

任务三　了解单片机应用系统

单片机应用系统是在单片机最小系统的基础上增加电路以实现特定功能的产品。如图 1-7 所示，单片机应用系统主要由电源系统、单片机最小系统、输入系统、显示系统、控制对象五部分组成。

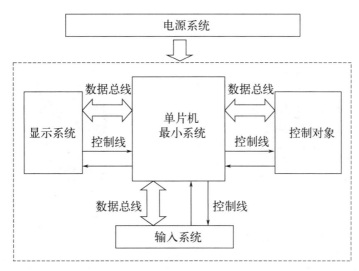

图 1-7 单片机应用系统示意图

电源系统的作用是为单片机应用系统供电；单片机最小系统的作用是保证单片机能够正常工作；输入系统的作用是为单片机提供输入信息和控制指令；显示系统的作用是显示单片机运算信息，方便人机交互。

根据单片机应用系统功能的不同，会有不同的控制对象，用于实现单片机应用系统的最终功能，如 LED 灯的亮与灭、电动机的转与停等。

简单地说，学习单片机，就是学习如何构建单片机最小系统，如何在单片机最小系统的基础上增加输入设备、显示设备和控制对象，并且开发出具有特定功能的"单片机应用系统"的过程。

任务四 熟悉单片机实训箱

如图 1-8 所示，在天煌 THMEDP-2 型单片机技术实训箱中选配了直流稳压电源、MCU01 51 单片机系统、SCM02 逻辑电平输入/输出模块、SCM03 键盘接口模块、SCM04 数码管显示模块、SCM06 液晶显示模块、SCM07 LED 点阵显示模块、SCM09 驱动对象模块、SCM18 电机控制模块等实训模块，用于学习和掌握单片机技术。

一、直流稳压电源

天煌 THMEDP-2 型单片机技术实训箱默认采用 220V 交流供电，由直流稳压电源电路将交流电转换成＋5V、－5V、＋12V、－12V 四种直流电压输出，供实训电路使用。

＋5V 和－5V 直流电源共用一个开关，＋12V 和－12V 直流电源共用一个开关，整个电源电路有总开关"电源开关"一个，在电路板连线、拔插设备时，应在断电状态下操作，确保设备和人身安全。

图1-8 天煌 THMEDP-2 型单片机技术实训箱配置图

二、MCU01 51 单片机系统

51 单片机系统是单片机技术实训箱的核心，主要由单片机最小系统组成，通过 8P 排线和单根插线与其他模块连接，构建出单片机应用系统，即完成特定功能的应用。51 单片机系统在前面的"掌握单片机最小系统"任务中已经讲解，在此不重述。

三、其他模块

实训箱上的其他模块，将在后续课程中依次讲解，其主要功能如下。
(1) SCM02 逻辑电平输入/输出模块：用于 LED 灯控制和提供"1"（高）、"0"（低）逻辑电平。
(2) SCM03 键盘接口模块：用于独立按键和 4×4 阵列式键盘输入。
(3) SCM04 数码管显示模块：用于数码管显示控制。
(4) SCM06 液晶显示模块：用于 12864 液晶显示控制。
(5) SCM07 LED 点阵显示模块：用于 LED 点阵显示控制。
(6) SCM09 驱动对象模块：用于扬声器、蜂鸣器和继电器控制。
(7) SCM18 电机控制模块：用于直流电机和步进电机控制。

项目评价

评价项目		评价标准	配分	学生自评	同学互评	老师点评	总评
职业素养	设备交接	使用前不按要求清点设备扣2分；离开前不按要求清点和还原设备摆放扣3分；不认真参与实训，做与实训无关的事或大声喧哗等一次扣2分；操作过程中人为损坏设备扣15分；计算机未正确关机扣2分；试验箱未摆放到位扣2分；导线未整理扣2分；桌凳未摆放整齐扣2分；工位上未清扫干净扣2分；扣完为止	20分				
	规范操作						
	实训纪律						
	清洁保持						
知识与能力	单片机定义	能准确描述出什么是单片机	10分				
	AT89S52单片机引脚排列	识记单片机引脚，能根据电路原理图说出引脚排列顺序得5分；能在实物图中指出引脚排列顺序得5分	10分				
	单片机应用系统	能正确画出单片机应用系统框图，每漏画、错画一处扣4分	15分				
	电源、晶振、复位及存储器引脚	在电路图中找出各引脚、能找出电源引脚得5分；能找出晶振引脚得5分；能找出复位引脚得5分	15分				
	单片机试验箱	能在51单片机模块找出相应的按钮开关；能找出电源插孔得5分；能找出复位按钮得5分；能找出下载端口得5分；会操作上拉电阻开关得5分	20分				
汇报展示	作品展示	能以实物、PPT、简报、作业等形式进行作品展示	10分				
	语言表达	语言流畅，思路清晰					
		总分					

注：总评＝自评×30％＋互评×30％＋点评×40％。

学习笔记

 拓展习题

一、选择题

1. 下列不属于单片机内部电路的是（　　）。
   A. 中央处理器（CPU）　　　　　B. 存储器
   C. 定时器/计数器　　　　　　　D. 功率放大电路

2. 下列关于AT89S52单片机电源引脚描述准确的一项是（　　）。
   A. 第40引脚为电源端，工作电压为3.4～5.5V
   B. 第20引脚为电源端，工作电压为3.4～5.5V
   C. 第40引脚为接地端，外接电源负极
   D. 第20引脚为接地端，外接电源正极

3. 关于单片机开机复位电路工作过程，描述正确的一项为（　　）。
   A. 在单片机接通电源的瞬间，电源通过电容加到单片机复位端，随着充电的进行，单片机第9引脚电位升高，当单片机第9引脚电位升到一定值时，复位结束
   B. 在单片机接通电源的瞬间，电源直接加到单片机复位端，随着充电的进行，当单片机第9引脚电位降到一定值时，复位结束
   C. 在单片机接通电源的瞬间，电源通过电容加到单片机复位端，随着充电的进行，当单片机第9引脚电位降到一定值时，复位结束
   D. 在单片机接通电源的瞬间，电源直接加到单片机复位端，随着充电的进行，单片机第9引脚电位升高，当单片机第9引脚电位升到一定值时，复位结束

4. 下列关于单片机输入/输出端口，描述有误的一项是（　　）。
   A. P0端口既可以作为输入/输出（I/O）端口使用，也可作为地址/数据复用总线使用
   B. P1端口虽然内部有上拉电阻，但是在使用时必须外接上拉电阻
   C. P2端口由单片机的21～28引脚组成，引脚名称为P20～P27
   D. P3端口除了作为一般的输入/输出（I/O）端口使用外，每只引脚都还具有第二功能

二、判断题

1. AT89S52单片机是Atmel公司生产的AT89系列单片机，但是它不属于51系列单片机。（　　）

2. 在单片机系统中，由晶体振荡电路（简称晶振电路）产生时钟信号。
（　　）

3. AT89S52 单片机的第 31 引脚为单片机内/外程序存储器访问选择端。当引脚接电源低电平时，单片机通电后，从单片机内部程序存储器中读取程序运行。（　　）

4. 在 51 单片机系统板上，＋5V、GND 插孔为电源供给端，连接时不用区分电源极性。（　　）

三、填空题

1. 单片机就是_____的简称，它是一类特殊的集成电路。

2. AT89S52 单片机拥有_____程序存储空间，最高工作频率为_____，采用双列直插式封装，共有_____只引脚。

3. 当单片机出现异常或需要重启工作时，可以手动按下_____实现手动复位。

4. 单片机最小系统由_____、电源电路、_____、复位电路和单片机内/外存储器选择电路五部分组成。

四、综合题

1. 画出单片机系统框图，并简述各系统的作用。

2. 写出单片机试验箱中所包含的模块。

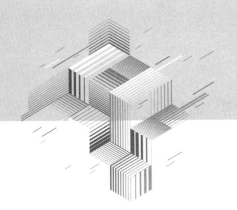

项目二

初识单片机程序

知识目标

1. 了解单片机常用编程语言;
2. 理解单片机程序编译和下载方法;
3. 掌握单片机程序编写步骤。

能力目标

1. 能在电脑上安装 Keil C51 软件;
2. 能在试验箱中找出 LED 灯控制电路单元,并进行线路连接;
3. 能编写、编译、下载 LED 灯控制电路程序。

素质目标

1. 培养良好的职业道德;
2. 树立团队合作意识;
3. 培养发现、分析、解决问题的能力。

项目描述

本项目介绍了单片机编程语言——C 语言和 C 语言编程软件——Keil C51 的安装方法。本项目以 LED 灯控制电路为例,具体介绍如何新建工程、新建 C 语言程序文件、程序编写、程序编译、程序下载,然后进行程序验证,最终实现 LED 灯控制电路相应功能。

任务一　了解单片机编程语言

在 51 单片机应用实训和产品开发过程中，可以使用 C 语言或汇编语言编写单片机程序。由于 C 语言具有可读性好、可移植性强、容易维护、开发周期短、易学易用等优点，目前，51 单片机程序一般都使用 C 语言编写。

在学习单片机编程语言之前，需要先安装编程软件 Keil C51。

Keil C51 是美国 Keil Software 公司出品的"51 系列单片机"C 语言程序开发系统。它提供了一个包括 C 编译器、宏汇编、连接器、库管理、仿真调试器等在内的集成开发环境，可以高效完成单片机程序开发。

在 Keil C51 软件安装成功后，桌面会显示"Keil μVision"快捷图标，如图 1-9 所示。在本书中，所用的 Keil C51 软件版本是 Keil μVision5。

图 1-9　Keil C51 启动图标

Keil C51 软件启动之后，窗口界面如图 1-10 所示，主要由标题栏、菜单栏、工具栏、工程管理面板、程序文件编辑区、编译信息显示窗口组成。

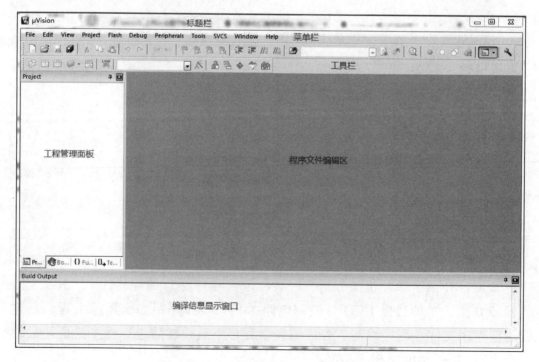

图 1-10　Keil C51 软件窗口组成示意图

标题栏用于显示 Keil C51 软件标识"μVision"和"工程文件名";菜单栏分类提供了 Keil C51 软件操作命令;工具栏提供了常用的编程操作工具,用于提高工作效率;工程管理面板以"工程"为单位,统一管理程序文件;程序文件编辑区是编写单片机程序的地方;编译信息显示窗口用于显示编译单片机程序后的输出信息,实现人机交互。

任务二 熟悉 LED 灯控制电路

天煌 THMEDP-2 型单片机技术实训箱的 LED 灯控制电路位于"SCM02 逻辑电平输入/输出"模块,其电路原理图如图 1-11 所示。

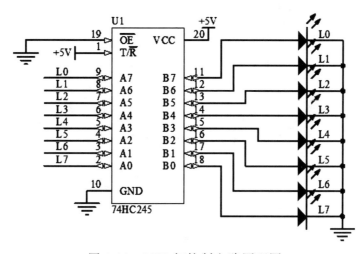

图 1-11 LED 灯控制电路原理图

74HC245 芯片是一款 8 位双向传输器,信号可以由 A→B,也可以由 B→A。T/$\overline{\text{R}}$ 引脚为高电平时,信号由 A→B;T/$\overline{\text{R}}$ 引脚为低电平时,信号由 B→A。$\overline{\text{OE}}$ 引脚为使能端。$\overline{\text{OE}}$ 引脚为高电平时,A、B 端处于高阻状态,不传输信息;只有 $\overline{\text{OE}}$ 引脚为低电平时,A 与 B 两端之间才能传输信号。

在天煌 THMEDP-2 型单片机技术实训箱中,由于 74HC245 芯片的 $\overline{\text{OE}}$ 引脚为低电平且 T/$\overline{\text{R}}$ 引脚为高电平,则 A 是输入端而 B 是输出端,信号由 A→B。使用 74HC245 芯片的目的是提高单片机端口的驱动能力,以驱动 LED 灯正常发光。

由于 LED 灯的负极是接地的,所以当 74HC245 芯片的 A 端(即 L0~L7 引脚)输入高电平而 B 端输出高电平时,LED 灯亮;当 74HC245 芯片的 A 端(即 L0~L7 引脚)输入低电平而 B 端输出低电平时,LED 灯不亮。

如图 1-12 所示,用红线和黑线将直流稳压电源的+5V 端、GND 端与 51 单片机系统板、逻辑电平输入/输出模块的+5V 端、GND 端连接起来,

图 1-12 LED 灯控制实训连线图

从而为 51 单片机系统板和逻辑电平输入/输出模块供电。然后，用 8 位排线将单片机的 P0 端口与 LED 灯连接起来。通过编写单片机程序，控制单片机 P0 端口输出电平的高低，就可以控制 LED 灯的亮与不亮：P0 端口输出高电平"1"，LED 灯亮；使用 P0 端口输出低电平"0"，LED 灯不亮。

任务三　编写第一个单片机程序

在上一任务中已经搭建了一个 LED 灯控制电路。本任务将编写一个单片机程序来控制 LED 灯的亮与不亮，其操作步骤如下。

一、新建一个工程

步骤 1： 在电脑桌面上双击"Keil μVision"快捷图标，启动 Keil C51 软件。

步骤 2： 如图 1-13 所示，在 Keil 软件的"Project"菜单中，选择"New μvision Project…"选项，打开如图 1-14 所示的"新建工程"对话框。

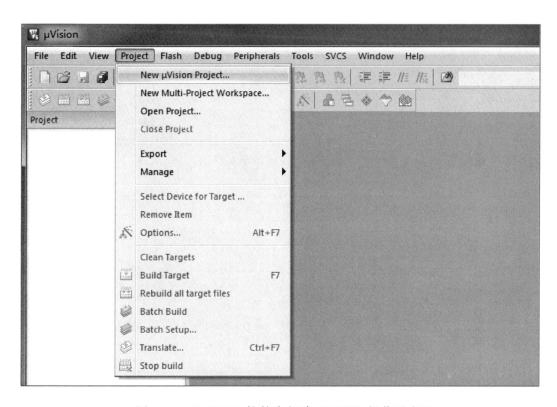

图 1-13　Keil C51 软件中新建"工程"操作示意图

步骤 3： 在"新建工程"对话框中，确定工程"保存位置"和工程"文件名"后，单击"保存"按钮，打开如图 1-15 所示的单片机芯片选择对话框。

步骤 4： 如图 1-15 所示，在"Search（搜索）"文本框中，输入关键字（如 AT89S），找到并选择"AT89S52"单片机，单击"OK"按钮，打开如图 1-16 所示的"是否将'STARTUP.A51'文件添加到工程中？"对话框。一般选择"否"，完成工程新建。

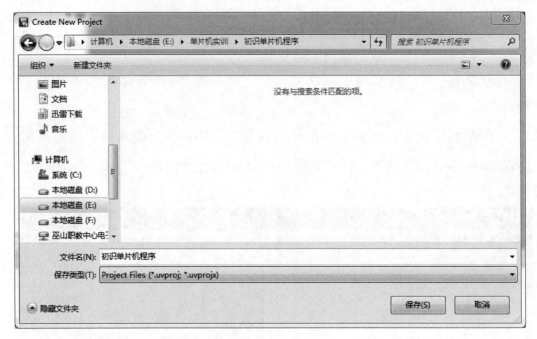

图 1-14　Keil C51"新建工程"对话框

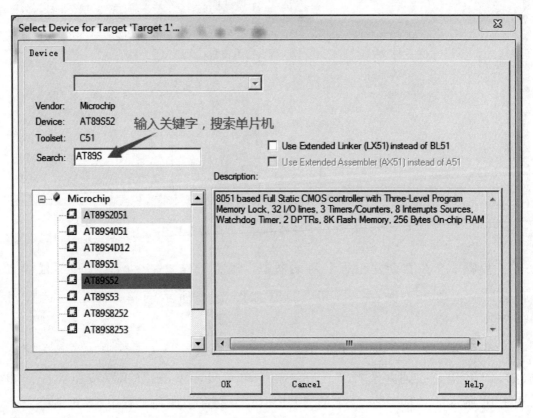

图 1-15　单片机芯片选择对话框

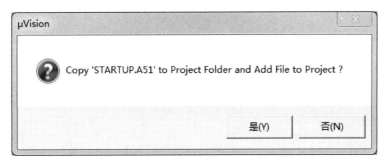

图 1-16 "是否将'STARTUP.A51'文件添加到工程中?"对话框

二、新建一个 C 语言程序文件

在完成单片机"工程"新建之后,必须再新建一个 C 语言程序文件,并添加到工程中,才能开始编写单片机程序。其操作步骤如下:

步骤 1: 在 Keil C51 软件的工具栏中,单击"新建"按钮,新建一个程序文件,文件名默认为"Text1",如图 1-17 所示。

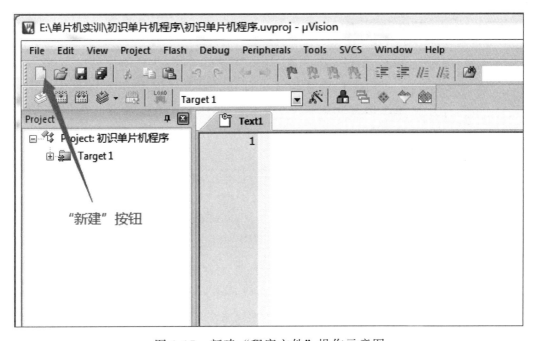

图 1-17 新建"程序文件"操作示意图

步骤 2: 在 Keil C51 软件的工具栏中,单击"保存"按钮,打开如图 1-18 所示的"保存"对话框,保存程序文件。

重要提示: 本课程使用 C 语言编写单片机程序,因此保存单片机程序文件的文件扩展名必须是".c"。

图 1-18 "保存文件"对话框

三、将程序文件添加到工程中

新建的程序文件必须添加到工程中,以便单片机"工程文件"的统一管理。这样才能顺利完成单片机程序编译、连接,并生成可以下载到单片机中使用的程序文件。其操作步骤如下:

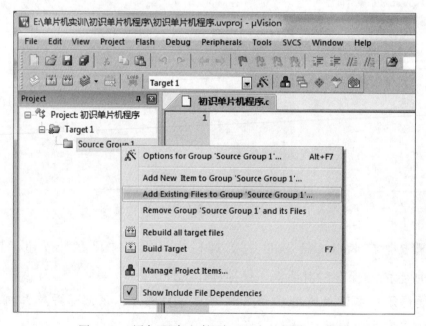

图 1-19 添加程序文件到工程中的操作示意图

步骤1： 如图1-19所示，在工程管理面板中的"Source Group 1"文字上，右击鼠标，选择"Add Existing Files to Group 'Source Group 1'…"选项，打开如图1-20所示对话框。

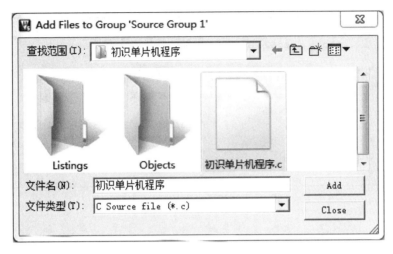

图1-20 添加文件到工程的操作对话框

步骤2： 在图1-20所示的添加文件到工程的操作对话框中，先选中要添加的文件（如"初识单片机程序.c"），然后单击"Add"按钮，将程序文件添加到工程中。最后，单击"Close"按钮，关闭对话框。添加"程序文件"之后，Keil C51工程管理面板显示如图1-21所示。

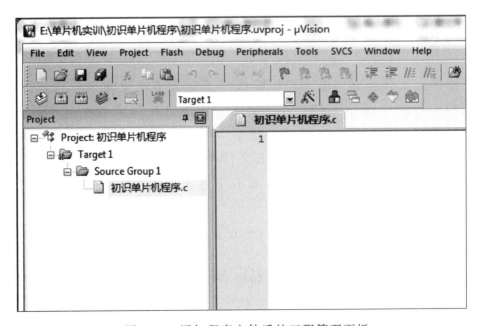

图1-21 添加程序文件后的工程管理面板

四、编写单片机程序

在"初识单片机程序.c"文件中,输入如图1-22所示的程序代码,即可控制指定的LED灯亮或不亮。

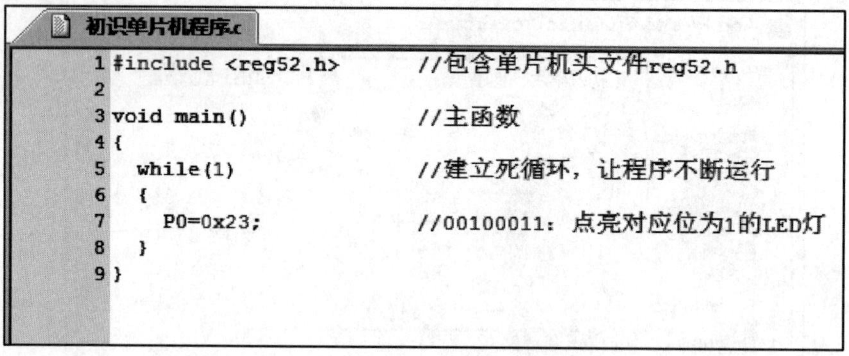

```
初识单片机程序.c
1 #include <reg52.h>        //包含单片机头文件reg52.h
2
3 void main()               //主函数
4 {
5   while(1)                //建立死循环,让程序不断运行
6   {
7     P0=0x23;              //00100011: 点亮对应位为1的LED灯
8   }
9 }
```

图1-22　LED灯控制程序

C语言程序由一个主函数和若干个子函数组成。单片机程序的最小结构由一条"包含"语句和一个"主函数"构成,如下所示:

```
#include <reg52.h>              //包含单片机头文件reg52.h
void main()                      //主函数
{
  while(1)                       //建立死循环,让程序不断运行
  {
    语句块;
  }
}
```

单片机头文件是单片机生产厂家或服务商为了便于使用单片机而编写的具有特定功能的程序文件。在reg52.h头文件中,包含了AT89S52单片机I/O端口、寄存器使用接口的变量声明。在程序中,使用"#include <reg52.h>"语句,就是将reg52.h文件中声明的变量引入"初识单片机程序.c"程序文件中以直接使用,而不用另外定义、声明变量,提高了编程效率。

C语言程序的主函数名必须是"main",不能改变;单片机程序是从主函数"void main()"开始执行的。

"语句块"是实现程序功能的语句组合。在"初识单片机程序.c"程序文件中,只有"P0 = 0x23;"一条语句,用于点亮L5、L1、L0三颗LED灯。

如表 1-2 所示，先指定 LED 灯的亮与不亮，然后修改单片机输出端口电平：亮输出"1"，不亮输出"0"，得到一个二进制数，转换成十六进制数后，代替"P0＝0x23；"语句中的"23"，就可以控制不同的 LED 灯点亮。

表 1-2　LED 灯亮与不亮"代码"计算

单片机端口	P07	P06	P05	P04	P03	P02	P01	P00
连接的 LED 灯	L7	L6	L5	L4	L3	L2	L1	L0
LED 灯亮与不亮	不亮	不亮	亮	不亮	不亮	不亮	亮	亮
单片机输出端口电平	0	0	1	0	0	0	1	1
十六进制代码	2				3			

"//…………"为单行注释语句。添加注释的作用是提高程序的可读性，以利于程序修改、维护。建议每一位程序编写者都要养成为"程序、函数、语句"添加注释的良好习惯。

任务四　编译单片机程序

上文编写的 C 语言程序，属于高级语言，不能在单片机中直接运行。C 语言程序必须编译成扩展名为".hex"的 HEX 文件才能下载到单片机中运行。其操作步骤如下。

步骤 1： 设置编译参数。在 Keil C51 软件窗口的工具栏中，单击 按钮（或按 Alt＋F7 快捷键），打开如图 1-23 所示对话框，在"Target"标签页面，设置晶振频率为 11.0592MHz（注意：此处设置的晶振频率一定要与实际使用的晶振频率一致）。

在单片机程序"编译参数"设置中，除了设置晶振频率之外，还要切换到如图 1-24 所示的"Output"标签页面，确保已经勾选了"Create HEX File　HEX Format：HEX-80"选项。

步骤 2： 编译单片机程序。在 Keil C51 软件窗口的工具栏中，单击 按钮（或按 F7 键），启动编译程序。在完成单片机程序编译之后，Keil C51 将在编译信息输出显示窗口中显示如图 1-25 所示内容。这里，必须保证显示"0 个错误，0 个警告"。否则，单片机程序有错误，必须修改完善。

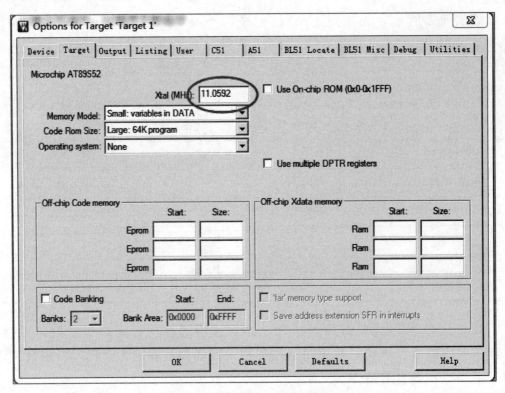

图 1-23 设置晶振频率对话框

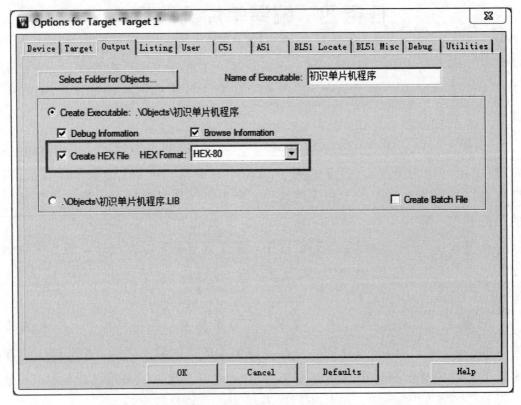

图 1-24 勾选 "Create HEX File　HEX Format：HEX-80" 选项

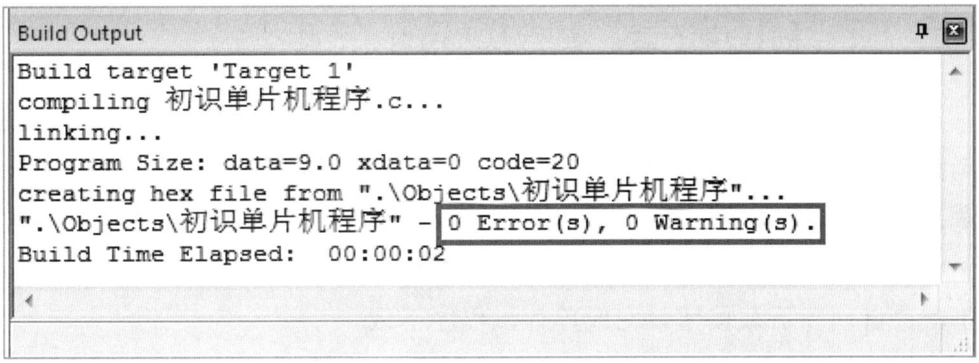

图 1-25　单片机程序"编译信息"显示示意图

任务五　下载单片机程序

将单片机程序下载到单片机中,首先必须正确连接下载器,并使用专用下载软件才能实现。

一、ISP 下载器连接

如图 1-26 所示,用 8P 排线和 USB 数据线将 ISP 下载器与 51 单片机系统和电脑连接起来。51 单片机系统板的"ISP"插座为单片机程序下载接口。

图 1-26　ISP 下载器接线示意图

二、单片机程序下载

天煌 THMEDP-2 型单片机技术实训箱使用的是"PROGISP"下载软件。在厂家提供的"progisp1.72"文件夹中,双击图标为 的"Progisp.exe",启动单片机下载程序。

在启动单片机下载程序之后,先选择单片机型号,再选择单片机程序,最后单击"自动"下载按钮,完成单片机程序下载。

步骤 1: 选择单片机型号。如图 1-27 所示,在"PROGISP(Ver1.72)"下载程序窗口中,单击"Select Chip(选择芯片)"下拉菜单,选择"AT89S52",要保证选择的单片机与实际使用的单片机一致。

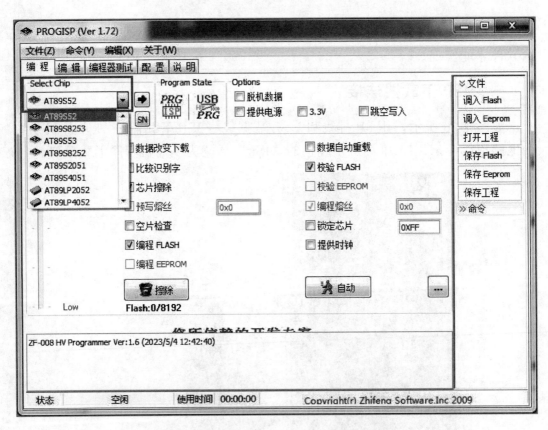

图 1-27　选择"单片机型号"操作示意图

步骤 2: 选择单片机程序。在"PROGISP(Ver1.72)"下载程序窗口的右侧,单击"调入 Flash"按钮,打开"打开"对话框,选择要下载的单片机程序(.hex 文件),如图 1-28 所示。

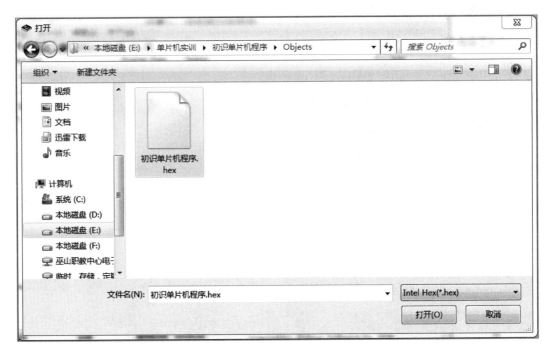

图 1-28　"选择单片机程序"对话框示意图

步骤 3：下载单片机程序。在"PROGISP（Ver1.72）"下载程序窗口中，单击"自动"按钮，完成单片机程序下载。

单片机程序下载完成后，单片机将自动进入工作状态，这时请检查单片机是否工作正常。如果单片机没有在预期的状态下工作，请检查硬件连线和程序，排除错误，重新下载程序，并验证结果。

任务六　编写第二个单片机程序

通过前面的学习，我们已经掌握了单片机技术应用实训的基本步骤和方法：先根据"产品"功能，搭建硬件电路；再编写程序、编译程序、下载程序；最后运行"产品"，验证硬件连接和程序编写是否存在问题。

在本任务中，我们将编写一个"LED 流水灯"程序，在复习巩固前面所学知识的同时，了解延时函数，进一步提高自己的编程水平。

一、硬件电路搭建

在本任务中，硬件电路仍然采用前面的实训电路，即保持硬件电路不变，仅修改一下程序，就能实现不同的功能，这也是单片机的"魅力"所在。

二、编写 LED 流水灯程序

步骤 1： 新建工程。启动 Keil C51 软件，新建一个工程。工程文件命名为"LED 流水灯"，选择 AT89S52 单片机。

步骤 2： 新建 C 语言程序文件。新建一个文件名为"LED 流水灯.c"的 C 语言文件，并加入"LED 流水灯"工程中。

步骤 3： 编写 LED 流水灯程序。LED 流水灯程序如下所示。在程序中使用了大量的注释语句，以方便读者理解程序。在今后的实训过程中，同学们也要养成添加注释的良好习惯，这可以提高程序的可读性，方便阅读、修改、完善程序。

```c
/******************************************
LED 流水灯程序:依次点亮 LED 灯 L0-L7
******************************************/
#include <reg52.h>              //包含单片机头文件 reg52.h
/******************************************
定义一个延时函数,延时 time_ms 毫秒
time_ms 为无符号整形变量,取值范围为 0～65535
******************************************/
void delay_ms(unsigned int time_ms)
{
    unsigned char n;            //定义一个字符型变量,控制 for 循环次数
    while(time_ms--)            //使用条件循环语句,控制延时时间
    {
        for(n=0;n<115;n++);     //执行空语句,延时 1ms
    }
}
void main()                     //主函数
{
    while(1)                    //建立死循环,让程序不断运行
    {
        P0 = 0x01;              //点亮 LED 灯 L0
        delay_ms(1000);         //LED 灯 L0 亮 1s
        P0 = 0x02;              //点亮 LED 灯 L1
        delay_ms(1000);         //LED 灯 L1 亮 1s
        P0 = 0x04;              //点亮 LED 灯 L2
```

```
        delay_ms(1000);              //LED 灯 L2 亮 1s
        P0 = 0x08;                   //点亮 LED 灯 L3
        delay_ms(1000);              //LED 灯 L3 亮 1s
        P0 = 0x10;                   //点亮 LED 灯 L4
        delay_ms(1000);              //LED 灯 L4 亮 1s
        P0 = 0x20;                   //点亮 LED 灯 L5
        delay_ms(1000);              //LED 灯 L5 亮 1s
        P0 = 0x40;                   //点亮 LED 灯 L6
        delay_ms(1000);              //LED 灯 L6 亮 1s
        P0 = 0x80;                   //点亮 LED 灯 L7
        delay_ms(1000);              //LED 灯 L7 亮 1s
    }
}
```

在程序中，用到了无符号整形变量（unsigned int time_ms）和无符号字符型变量（unsigned char n）。如表 1-3 所示，在 C 语言中，不同类型的变量，其字长和表示数值的范围是不一样的，请同学们仔细学习。

表 1-3　C 语言常用数据类型

数据类型		字长（位）	数值范围
关键字	含义		
void	无值型	0	无
bit	只保存 1 位二进制数	1	0、1
unsigned char	无符号字符型	8	0～255
signed char	有符号字符型	8	-128～+127
unsigned int	无符号整型	16	0～65535
signed int	有符号整型	16	-32768～+32767
unsigned float	无符号单浮点型	32	0～4294967295
signed float	有符号单浮点型	32	-2147483648～+2147483647

三、产品运行检验

LED 流水灯

步骤 1： 编译程序。首先，在 Keil C51 软件窗口的工具栏中，单击 按钮，打开"工程参数"设置对话框：设置晶振频率为 11.0592MHz，同时勾选 "Create HEX File　　HEX Format：HEX-80" 选项。

然后，在 Keil C51 软件窗口的工具栏中，单击 按钮，完成单片机程序编译。在编译结束后，必须保证显示"0个错误，0个警告"。

步骤2： 下载程序。启动"PROGISP"下载软件后，首先选择芯片"AT89S52"和要下载的单片机程序，然后单击"自动"按钮，完成单片机程序下载。

步骤3： 产品调试。产品调试就是检查单片机实训电路连线和程序并排除错误，最终实现单片机最初设计效果的过程。

在本任务的实训过程中，我们再次梳理了单片机技术应用实训的基本步骤和方法。所有单片机技术应用的实训步骤和方法都是相同的，唯有产品功能不同以及搭建的硬件电路和程序有区别而已。因此，在后续项目中，不再详细列出单片机技术应用实训的步骤和方法，只讲解硬件电路搭建和单片机程序编写，其他内容请参考"LED流水灯"实验完成。

项目评价

评价项目		评价标准	配分	学生自评	同学互评	老师点评	总评
职业素养	设备交接	使用前不按要求清点设备扣2分；离开前不按要求清点和还原设备摆放扣3分；不认真参与实训，做与实训无关的事或大声喧哗等一次扣2分；操作过程中人为损坏设备扣15分；计算机未正确关机扣2分；试验箱未摆放到位扣2分；导线未整理扣2分；桌凳未摆放整齐扣2分；工位上未清扫干净扣2分；扣完为止	20分				
	规范操作						
	实训纪律						
	清洁保持						
知识与能力	常用单片机编程语言	能说出单片机常用程序得5分；能说出C语言编程的优势得5分	10分				
	安装Keil C51软件	能根据老师提供的文件将Keil C51软件安装到计算机上得5分；安装完成后能指出标题栏、菜单栏、工具栏等得5分	10分				
	编写单片机程序	能建立工程、新建C语言程序文件并将其添加到工程中得5分；能根据要求编写LED流水灯主程序得5分；能编写LED流水程序得10分	20分				
	编译单片机程序	能设置编译参数得5分；能编译单片机程序得5分	10分				
	下载单片机程序	能连接ISP下载器得5分；能将程序正确下载到单片机中得5分	10分				
	实现LED灯控制功能	正确连接LED流水灯电路得5分；能最终实现电路功能得5分	10分				
汇报展示	作品展示	可以为实物作品展示、PPT汇报、简报、作业等形式	10分				
	语言表达	语言流畅,思路清晰					
总分							

注：总评＝自评×30％＋互评×30％＋点评×40％。

学习笔记

拓展习题

一、选择题

1. 在 51 单片机应用实训中，一般使用 C 语言编写单片机程序。下面关于 C 语言的描述，不正确的一项为（　　）。
   A. 可读性好　　　　　　　　　B. 可移植性强
   C. 容易维护、易学易用　　　　D. 开发周期长

2. Keil C51 软件启动之后，（　　）不属于显示窗口的组成部分。
   A. 标题栏、菜单栏　　　　　　B. 工具栏、工程管理面板
   C. 电压、波形显示　　　　　　D. 程序文件编辑区、编译信息

3. 在编写单片机程序前，需要新建一个工程。以下步骤正确的是（　　）。
   ① 启动 Keil C51 软件
   ② 在 Keil 软件的"Project"菜单中，选择"New μvision Project…"选项，打开"新建工程"对话框
   ③ 找到并选择 AT89S52 单片机，出现"是否将'STARTUP.A51'文件添加到工程中？"对话框，完成工程新建
   ④ 在"新建工程"对话框中，确定工程"保存位置"和工程"文件名"后，单击"保存"按钮
   A. ①②④③　　B. ①②③④　　C. ②①④③　　D. ①④②③

4. 在本系统中，单片机设置编译参数时要将晶振频率设定为（　　）。
   A. 11MHz　　B. 1.0592MHz　　C. 11.0592MHz　　D. 3.14MHz

二、判断题

1. 在 Keil C51 软件窗口中，标题栏用于显示 Keil C51 软件标识"μVision"和"工程文件名"；菜单栏分类提供了 Keil C51 软件操作命令。（　　）

2. 74HC245 芯片是一款 8 位单向传输器，信号可以由 A→B，但是不能由 B→A。（　　）

3. 当使用 C 语言编写单片机程序时，保存单片机程序文件的文件扩展名必须是".c"。（　　）

4. 在 C 语言程序中，使用"#include〈reg52.h〉"语句，就是将"reg52.h"文件中声明的变量引入程序文件中使用，但是还需要定义、声明变量。（　　）

5. 语句"P0＝0x23;"用于点亮 L5、L1、L0 三颗 LED 灯。（　　）

6. 在编译完单片机程序后，必须保证显示"0个错误，0个警告"。否则，说明单片机程序有错误，必须修改完善。（　　）

三、填空题

1. Keil C51 是美国 Keil Software 公司出品的"51系列单片机"_____程序开发系统。

2. C语言程序是由一个_____和若干个_____组成的。

3. C语言程序的主函数名必须是_____，不能改变。

4. C语言属于高级语言，因此不能在单片机中直接运行，C语言程序必须编译成扩展名_____的 HEX 文件才能下载到单片机中运行。

5. 函数"while（time_ms−）"是条件循环语句，控制_____。

四、综合题

1. 简述如何新建一个C语言程序文件？

　_____
　_____
　_____
　_____

2. 完成下表中的"单片机输出端口电平"和"十六进制代码"填写。

单片机端口	P07	P06	P05	P04	P03	P02	P01	P00
连接的LED灯	L7	L6	L5	L4	L3	L2	L1	L0
LED灯亮与不亮	不亮	不亮	亮	不亮	不亮	不亮	亮	亮
单片机输出端口电平								
十六进制代码								

模块二

输入系统

模块描述

本模块从独立式和阵列式键盘设计入手,首先让读者对独立按键、阵列式键盘、蜂鸣器、扬声器等知识有一个初步了解,然后介绍键盘结构、电路设计和按键识别的方法,最后运用天煌版单片机实验箱完成多功能彩灯程序设计和多功能报警器程序设计,使读者进一步理解键盘的应用。

项目三

学用独立按键

知识目标

1. 了解独立式按键键盘结构；
2. 了解独立式按键键盘电路；
3. 掌握多功能彩灯程序设计方法。

能力目标

1. 能完成独立式键盘电路设计；
2. 能用 C 语言程序完成键盘按键识别程序设计；
3. 能根据电路图在试验箱完成多功能彩灯程序设计案例。

素质目标

1. 培养自我学习的习惯、爱好和能力；
2. 培养团队协作和互助意识；
3. 培养用科学的思维和态度分析问题的能力。

项目描述

本项目通过了解独立按键、多功能彩灯设计、编写多功能彩灯程序三个任务，介绍了轻触式按键开关的外形及原理图。通过多功能彩灯设计案例中通过按键对 LED 灯的控制效果，理解独立按键在单片机的运用。

任务一 了解独立按键

如图 2-1 所示,在天煌 THMEDP-2 型单片机技术实训箱中,有独立按键和阵列式键盘两种键盘接口,其作用是为单片机应用电路提供输入控制指令。

图 2-1 SCM03 键盘接口模块实物

独立按键和阵列式键盘的核心元件是轻触式按键开关(简称轻触开关),其外形如图 2-2 所示。

图 2-2 轻触式按键开关外形

轻触式按键开关属于常开开关,它有 4 只引脚。如图 2-3 所示,1 与 2、3 与 4 引脚是直接连通的;1、2 引脚与 3、4 引脚只有在按下轻触开关时接通(松开按键后,1、2 引脚与 3、4 引脚恢复到断开状态)。

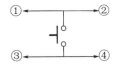

图 2-3 轻触式按键开关原理图

任务二 多功能彩灯设计

一、了解独立按键键盘电路

天煌 THMEDP-2 型单片机技术实训箱的独立按键电路如图 2-4 所示,有 8 个独立按键 KEY0~KEY7。

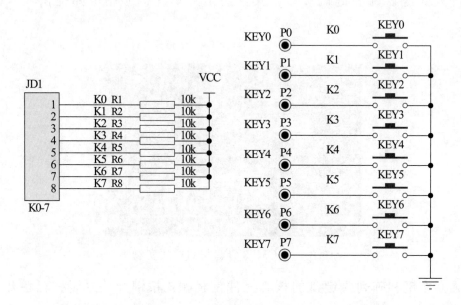

图 2-4 独立按键键盘原理图

在独立按键键盘中,每一个按键都是一端接地,另一端通过 10kΩ 电阻接电源正极 VCC。因此,没有按下按键时,对应的 K0~K7 输出端为高电平"1";按下按键时,对应的 K0~K7 输出端为低电平"0"。

单片机是通过检测 K0~K7 输出端电平,判断是否按下按键 KEY0~KEY7。K0~K7 输出端为低电平"0",说明按下了对应的 KEY0~KEY7 按键;K0~K7 输出端为高电平"1",说明没有按下对应的 KEY0~KEY7 按键。

二、硬件电路搭建

保持项目二的实训电路不变(51 单片机系统板的 JD0 与逻辑电平输入/输出板的 JD2 相连,即单片机 P00~P07 端口分别与 LED 灯 L0~L7 相连),再找一根 8P 排线将 51 单片机系统板的 JD1 插座与键盘接口模块的 JD1 插座连接起来,即将单片机 P10~P17 端口分别与独立按键键盘的 K0~K7 输出端连接起来。

最后，为键盘接口模块、逻辑电平输入/输出板、51 单片机系统板接上 +5V 电源。

三、多功能彩灯功能定义

(1) 按独立按键 KEY0：点亮 L0～L7 所有 LED 灯；
(2) 按独立按键 KEY1：LED 灯 L0～L7 同时闪亮；
(3) 按独立按键 KEY2：左移流水灯效果；
(4) 按独立按键 KEY3：右移流水灯效果；
(5) 按独立按键 KEY4：关闭彩灯。

任务三　编写多功能彩灯程序

多功能彩灯程序由 1 个主函数和 2 个子函数（延时函数和键盘扫描函数）组成。程序代码如下所示：

```
/***************************************************
                    多功能彩灯程序
一、电路连接
(1)单片机 P00～P07,对应连接 LED 灯 L0～L7；
(2)独立按键 KEY0～KEY7,对应连接单片机 P10～P17。
二、程序功能
(1)按 KEY0:点亮 L0～L7 所有 LED 灯；
(2)按 KEY1:LED 灯 L0～L7 同时闪亮；
(3)按 KEY2:左移流水灯效果；
(4)按 KEY3:右移流水灯效果；
(5)按 KEY4:关闭彩灯。
***************************************************/
#include <reg52.h>              //包含单片机头文件 reg52.h
unsigned char keycode_8;        //定义全局变量,保存键盘扫描值
/***************************************************
定义一个延时函数,延时 time_ms 毫秒
time_ms 的取值范围为 0～65535
***************************************************/
void delay_ms(unsigned int time_ms)
{
    unsigned char n;            //定义一个变量,控制 for 循环次数
```

```c
       while(time_ms--)              //使用条件循环语句,控制延时时间
    {
       for(n = 0;n<115;n++);         //执行空语句,延时 1ms
    }
}
/************************************************
                独立按键键盘扫描函数
1. 独立按键连接 P1 端口
2. 返回一个 8 位无符号二进制数
(1) 无按键按下,返回值为 0x1f;
(2) KEY0 按下,返回值为 0x1e;
(3) KEY1 按下,返回值为 0x1d;
(4) KEY2 按下,返回值为 0x1b;
(5) KEY3 按下,返回值为 0x17;
(6) KEY4 按下,返回值为 0x0f。
************************************************/
unsigned char keyscan_8()
{
    unsigned char key_8;             //定义变量,临时保存键盘扫描值
    key_8 = P1&0x1f;                 //获取 KEY0~KEY4 按键信息
    if(key_8! = 0x1f)                //判断有无按键按下
    {
       delay_ms(10);                 //延时 10ms,去抖动
       key_8 = P1&0x1f;              //再次获取 KEY0~KEY4 按键信息
       if(key_8! = 0x1f)             //确认是否有按键按下
       {
          return key_8;              //返回键盘扫描值
       }
    }
    return 0x1f;                     //返回 0x1f,表示无按键按下
}
void main()                          //主函数
{
    unsigned char key_8;             //定义变量,临时保存键盘扫描值
    P0 = 0x00;                       //初始化 P0 端口,所有 LED 灯不亮
    P1 = 0xff;                       //初始化 P1 端口,P1 端口置"1",
    keycode_8 = 0x1f;                //变量赋初值:无按键按下
```

```c
while(1)
{
  key_8 = keyscan_8();              //调用键盘函数,获取按键值
  //使用 if 语句,判断是否有新按键按下
  if(keycode_8! = key_8&&key_8! = 0x1f)
  {
    keycode_8 = key_8;              //保存最新按键状态
  }
  //使用开关语句,判断是哪一个按键按下,并实现相应功能
  switch(keycode_8)
  {
    case 0x1e:                      //KEY0 按下,点亮所有 LED 灯
    {
      P0 = 0xff;                    //P0 端口置"1",点亮所有 LED 灯
      break;                        //跳出开关语句
    }
    case 0x1d:                      //KEY1 按下,LED 灯闪烁
    {
      //P0 端口不是全 1 或全 0 时,置 1
      if(P0! = 0xff&&P0! = 0x00)P0 = 0xff;

      P0 = ~P0;                     //P0 端口求反,LED 灯亮变熄、熄变亮
      delay_ms(500);                //延时 500ms
      break;                        //跳出开关语句
    }
    case 0x1b:                      //KEY2 按下,左移流水灯
    {
      if(P0 == 0xff)P0 = 0x01;      //P0 端口为 0xff 时,赋值为 0x01
      if(P0 == 0x00)P0 = 0x01;      //P0 端口为 0x00 时,赋值为 0x01

      delay_ms(500);                //延时 500ms
      P0 = P0<<1;                   //将 P0 端口值取出,左移 1 位后再赋给 P0
      break;                        //跳出开关语句
    }
    case 0x17:                      //KEY3 按下,右移流水灯
    {
      if(P0 == 0xff)P0 = 0x01;      //P0 端口为 0xff 时,赋值为 0x01
```

```
            if(P0 == 0x00)P0 = 0x80;    //P0 端口为 0x00 时,赋值为 0x80
            delay_ms(500);              //延时 500ms
            P0 = P0>>1;                 //将 P0 端口值取出,右移 1 位后再赋给 P0
            break;                      //跳出开关语句
        }
        case 0x0f:                      //KEY4 按下,关闭 LED 灯
        {
            P0 = 0x00;                  //P0 端口置"0",熄灭所有 LED 灯
            break;                      //跳出开关语句
        }
      }
   }
}
```

项目评价

评价项目		评价标准	配分	学生自评	同学互评	老师点评	总评
职业素养	设备交接	使用前不按要求清点设备扣2分;离开前不按要求清点和还原设备摆放扣3分;不认真参与实训,做与实训无关的事或大声喧哗等,一次扣2分;操作过程中人为损坏设备扣15分;计算机未正确关机扣2分;试验箱未摆放到位扣2分;导线未整理扣2分;桌凳未摆放整齐扣2分;工位上未清扫干净扣2分;扣完为止	20分				
	规范操作						
	实训纪律						
	清洁保持						
知识与能力	独立按键	能认识轻触式按键开关	10分				
	独立按键键盘原理图	能理解轻触式按键开关原理图得5分;能理解天煌THMEDP-2型单片机技术实训箱的独立按键电路图得5分	10分				
	多功能彩灯程序设计硬件搭建	能根据多功能彩灯程序设计要求,在天煌THMEDP-2型单片机技术实训箱中搭建实验环境	20分				
	编写多功能彩灯程序	(1)按KEY0:点亮L0～L7所有LED灯; (2)按KEY1:LED灯L0～L7同时闪亮; (3)按KEY2:左移流水灯效果; (4)按KEY3:右移流水灯效果; (5)按KEY4:关闭彩灯	30分				
汇报展示	作品展示	可以为实物作品展示、PPT汇报、简报、作业等形式	10分				
	语言表达	语言流畅,思路清晰					
总分							

注:总评=自评×30%+互评×30%+点评×40%。

学习笔记

 拓展习题

一、选择题

1. 非编码键盘不包括（　　）。
   A. 独立键盘　　　B. 行列式键盘　　　C. 矩阵式键盘　　　D. 软键盘
2. （　　）不是外部输入设备。
   A. 鼠标　　　　　B. 键盘　　　　　　C. LED　　　　　　D. 开关
3. 关于 P3 口，说法不正确的是（　　）。
   A. P3.0～P3.7 内置了上拉电阻
   B. 具有特定的第二功能
   C. 不使用它的第二功能时，它就是普通的通用准双向 I/O 口
   D. 可以作为地址口
4. 关于键盘软件消抖说法，不正确的是（　　）。
   A. 由于机械触点的弹性作用，在其闭合瞬间有抖动过程
   B. 稳定闭合时间由操作人员的按键动作决定，一般为零点几秒到几秒
   C. 抖动时间一般为 0～5ms
   D. 为了保证单片机键盘准确闭合，需进行键盘消抖检测操作

二、判断题

1. 键盘有编码键盘和非编码键盘两种。（　　）
2. 使用专用的键盘/显示器芯片，可由芯片内部硬件扫描电路自动完成显示数据的扫描刷新和键盘扫描。（　　）
3. 实际的按键在被按下或抬起时，由于机械触点的弹性作用，在闭合或断开的瞬间均伴随有一连串的抖动现象。（　　）
4. 为了消除按键的抖动，常用的方法有硬件和软件两种。（　　）

三、填空题

1. 键盘是单片机应用系统中人机交互不可缺少的＿＿＿＿设备。
2. 键盘由一组规则排列的按键组成，键盘通常使用＿＿＿＿＿＿＿。
3. 当按键数目少于 8 个时，应采用＿＿＿＿式键盘。
4. 对独立式键盘而言，当使用并行接口方式连接键盘时，8 根 I/O 口线可以接＿＿＿＿个按键。

四、综合题

1. 单片机检测按键的原理是什么?

2. 简述软件消除键盘抖动的原理。

项目四

学用阵列式键盘

知识目标

1. 了解蜂鸣器和扬声器的作用;
2. 理解阵列式键盘的结构及原理;
3. 掌握阵列式键盘的电路设计方法。

能力目标

1. 能完成阵列式键盘电路设计;
2. 能运用C语言程序完成阵列式键盘程序设计。

素质目标

1. 培养规范的行为和习惯;
2. 培养审美和创造能力;
3. 培养实践能力和劳动意识。

项目描述

本项目从多功能报警器入手,介绍了蜂鸣器、扬声器等元件的作用及电路原理图,阵列式键盘的结构与原理、电路设计等知识。运用C语言编程完成按下不同按键产生不同报警效果的程序设计,进一步熟悉单片机系统中键盘的应用。

项目实施

任务一　了解蜂鸣器

蜂鸣器是一种发声器件，常用于计算机、打印机、报警器、电子玩具等产品中，起报警提示作用。其外形如图 2-5 所示。

蜂鸣器分为有源蜂鸣器和无源蜂鸣器：有源蜂鸣器内部带振荡器，只要通电就会发声；无源蜂鸣器内部不带振荡器，必须输入脉冲信号才会发声。脉冲信号频率一般为 1.5~5kHz，改变输入的脉冲信号频率，可以让无源蜂鸣器发出不同的声音。

天煌 THMEDP-2 型单片机技术实训箱使用的是有源蜂鸣器。蜂鸣器电路原理图如图 2-6 所示。"IN"端输入低电平，三极管 Q1 导通，蜂鸣器接通电源"发声"；反之，"IN"端输入高电平，三极管 Q1 截止，蜂鸣器因无供电"不发声"。

图 2-5　蜂鸣器外形

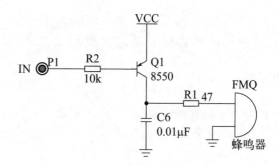

图 2-6　蜂鸣器电路原理图

有源蜂鸣器控制程序如下：

```
/************************************************
                蜂鸣器控制实训程序
一、电路连接
蜂鸣器"IN"端，接单片机 P20 端口。
二、程序功能
驱动蜂鸣器发声。
************************************************/
#include <reg52.h>              //包含单片机头文件 reg52.h
sbit Buzzer_GPIO = P2^0;        //定义位变量,控制蜂鸣器
void main()                     //主函数
{
```

```
while(1)
{
    Buzzer_GPIO = 0;        //蜂鸣器"IN"端输入低电平,蜂鸣器发声
}
}
```

在天煌 THMEDP-2 型单片机技术实训箱中,没有使用无源蜂鸣器,但使用了"扬声器"发声元件。无源蜂鸣器和扬声器的工作原理是一样的,读者可以通过本项目任务二的学习,掌握无源蜂鸣器的使用方法。

任务二　了解扬声器

在天煌 THMEDP-2 型单片机技术实训箱中,使用了"扬声器"发声元件,其电路原理图如图 2-7 所示。

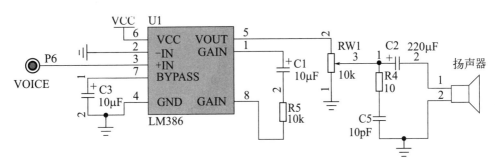

图 2-7　扬声器电路原理图

与无源蜂鸣器一样,扬声器也必须输入脉冲信息才会发声。这个脉冲信号可以由单片机产生,从"VOICE"端输入,经 LM386 集成块放大后,从集成块的第 5 引脚输出,再经 RW1、C2 输送到扬声器,激发扬声器发声。RW1 是音量电位器,调节扬声器声音大小;C2 耦合电容,提供脉冲信号通路。

扬声器控制程序如下:

```
/*****************************************************
              扬声器控制实训程序
一、电路连接
扬声器的"VOICE"端,连接单片机 P21 端口。
二、程序功能
驱动扬声器发声。
*****************************************************/
#include <reg52.h>              //包含单片机头文件 reg52.h
sbit speaker_GPIO = P2^1;       //定义位变量,控制扬声器
```

```
/******************************************************
定义一个延时函数,延时 time_us 微秒
time_us 的取值范围为 0~65535
****************************************************** /
void delay_10us(unsigned int i)   //定义延时函数(延时 i 个 10μs)
{
    while(i--);                   //执行 1 个空循环,大约延时 10μs
}
void main()                       //主函数
{
    while(1)
    {
        speaker_GPIO = ~speaker_GPIO;
        delay_10us(100);          //延时 1000μs
        //speaker_GPIO 端口求反,产生音频脉冲信号,驱动扬声器发声
        //改变延时时长,可以改变声音频率
    }
}
```

任务三　使用阵列式键盘

在独立按键键盘中,一个按键占用一个单片机 I/O 端口,致使单片机 I/O 端口利用率低。为了提高单片机 I/O 端口的利用率,设计出了阵列式键盘,如图 2-8 所示。16 个按键仅需 8 个单片机 I/O 端口。

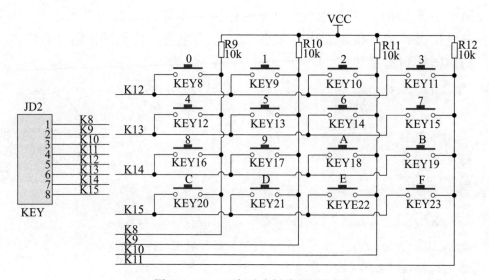

图 2-8　4×4 阵列式键盘原理图

天煌 THMEDP-2 型单片机技术实训箱采用的是 4×4 阵列式键盘。它有 4 根行线、4 根列线，在每个行线和列线交叉处都连接一个开关，标号为"0～9、A、B、C、D、E、F"16 个按键，呈阵列式排列。

使用 4×4 阵列式键盘时，行线、列线共用一组单片机 I/O 端口（如 P0 端口），行线接高 4 位，列线接低 4 位。

单片机扫描阵列式键盘时，首先行线输入高电平、列线输入低电平，检测有没有行线电平被拉低，确定按下的按键在哪一行；然后行线输入低电平、列线输入高电平，检测哪一列电平被拉低，确定按下的按键在哪一列；最后，根据两次检测结果，判断出按下的按键。

下面，将通过编写一个"多功能报警器"程序，掌握单片机"阵列式键盘"的使用方法。

多功能报警器由 51 单片机系统板、逻辑电平输入/输出板、键盘接口模块、驱动对象模块组成。

一、多功能报警器功能定义

（1）按下阵列式键盘的"0"键：蜂鸣器报警；
（2）按下阵列式键盘的"1"键：扬声器报警；
（3）按下阵列式键盘的"2"键：灯光报警；
（4）按下阵列式键盘的"3"键：关闭灯光；
（5）按下阵列式键盘的"4"键：关闭声音。

二、硬件电路搭建

（1）单片机 P0 端口：连接逻辑电平输入/输出板 JD2 插座；
（2）单片机 P1 端口：连接阵列式键盘 JD2 插座；
（3）单片机 P20 端口：连接驱动对象模块的蜂鸣器"IN"端；
（4）单片机 P21 端口：连接驱动对象模块的扬声器"VOICE"端。

三、多功能报警器程序

在多功能报警器程序中，使用了宏定义（#define）语句和寄存器位变量。使用宏定义（#define）语句主要有以下两个方面的作用。

作用一： 通过减少程序的字符输入量，可降低出错率，同时提高工作效率。例如：在程序开头处增加了"#define uchar unsigned char"语句，在后续程序中，就可以用"uchar"代替"unsigned char"。

作用二： 便于程序维护。例如：在程序开头处增加了"#define led_GPIO P0"语句，就可以使用 led_GPIO 代替 P0 端口编程。当连接设备从 P0

端口改接到P1端口时,只需将"#define led_GPIO P0"语句改变成"#define led_GPIO P1"语句即可,极大地提高了工作效率。

寄存器位变量sbit是C51特有的数据类型,用于定义特殊功能寄存器中的某一位。例如:"sbit Buzzer_GPIO=P2^0;",该语句定义了一个sbit类型的位变量Buzzer_GPIO,可以通过对Buzzer_GPIO位变量赋值"0"或"1",实现对P20端口置"0"或"1"。

多功能报警器程序如下:

```
/***********************************************************
                    多功能报警器程序
一、电路连接
(1)单片机P0端口:连接逻辑电平输入/输出板JD2;
(2)单片机P1端口:连接阵列式键盘JD2;
(3)单片机P20端口:连接蜂鸣器"IN"端;
(4)单片机P21端口:连接扬声器"VOICE"端。
二、程序功能
(1)按"0"键:蜂鸣器报警;
(2)按"1"键:扬声器报警;
(3)按"2"键:灯光报警;
(4)按"3"键:关闭灯光;
(5)按"4"键:关闭声音。
***********************************************************/
#include<reg52.h>              //包含单片机头文件reg52.h
#define uchar unsigned char    //用uchar代替unsigned char
#define uint unsigned int      //用uint代替unsigned int
#define led_GPIO P0            //宏定义led_GPIO标识P0端口
#define key16_GPIO P1          //宏定义key16_GPIO标识P1端口
sbit Buzzer_GPIO = P2^0;       //定义位变量,控制蜂鸣器
sbit speaker_GPIO = P2^1;      //定义位变量,控制扬声器
uchar keycode_16;              //定义全局变量,保存键盘扫描值
uchar led_work;                //定义全局变量,保存LED灯工作状态
uchar sound_work;              //定义全局变量,保存蜂鸣器和扬声器工作状态
/***********************************************************
定义一个延时函数,延时time_ms毫秒
time_ms的取值范围为0~65535
***********************************************************/
void delay_ms(uint time_ms)
{
```

```c
    uchar n;                          //定义一个变量,控制 for 循环次数

    while(time_ms--)                  //使用条件循环语句,控制延时时间
    {
        for(n = 0;n<115;n + +);       //执行空语句,延时 1ms
    }
}
/*******************************************************
定义一个延时函数,延时 time_us 微秒
time_us 的取值范围为 0~65535
******************************************************* /
void delay_10us(uint i)               //定义延时函数(延时 i 个 10μs)
{
    while(i--);                       //执行 1 个空循环,大约延时 10μs
}
/*******************************************************
                     阵列式键盘扫描函数
1. 阵列式键盘连接宏定义的 key16_GPIO 端口
2. 返回一个十进制数
(1)无按键按下,返回值为 16。
(2)"0"键按下返回 0,"1"键按下返回 1,"2"键按下返回 2,
……"9"键按下返回 9,"A"键按下返回 10,"B"键按下返回 11,
……"F"键按下返回 15。
******************************************************* /
uchar keyscan_16()                    //定义阵列式键盘扫描函数
{
    uchar key = 16;                   //定义变量,保存"按键值",16 表示没有键按下
    uchar temp = 0;                   //定义变量,保存键盘连接端口的"状态"

    key16_GPIO = 0xf0;                //将阵列式键盘"行线置 1,列线置 0"
    if(key16_GPIO! = 0xf0)            //判断是否有按键按下
    {
        delay_ms(10);                 //延时 10ms,去抖动
        if(key16_GPIO! = 0xf0)        //确认是否有按键按下
        {
            temp = key16_GPIO;        //获取键盘端口"状态"
            switch(temp)              //判断按下的按键位于哪一行
```

```
          {
            case 0xe0:key = 0;break;      //第 1 根行线上有按键按下
            case 0xd0:key = 4;break;      //第 2 根行线上有按键按下
            case 0xb0:key = 8;break;      //第 3 根行线上有按键按下
            case 0x70:key = 12;break;     //第 4 根行线上有按键按下
          }
          key16_GPIO = 0x0f;              //将阵列式键盘行线置 0,列线置 1
          temp = key16_GPIO;              //获取键盘端口"状态"
          switch(temp)                    //判断按下哪一个按键
          {
            case 0x0e:key = key;break;       //第 1 列列线上的按键按下
            case 0x0d:key = key + 1;break;   //第 2 列列线上的按键按下
            case 0x0b:key = key + 2;break;   //第 3 列列线上的按键按下
            case 0x07:key = key + 3;break;   //第 4 列列线上的按键按下
          }
        }
      }
      return key;                         //返回按键值
  }
  void main()                             //主函数
  {
      uchar k;                            //控制 for 循环,调节扬声器声音频率
      uchar key_16;                       //定义变量,临时保存键盘扫描值

      led_GPIO = 0x00;                    //初始化 P0 端口,所有 LED 灯不亮
      key16_GPIO = 0xff;                  //初始化 P1 端口,P1 端口置"1",
      keycode_16 = 16;                    //键盘变量赋初值:无按键按下
      sound_work = 0;                     //声音设备赋初值:无元件发声
      led_work = 0;                       //LED 灯赋初值:LED 灯不亮
      while(1)
      {
        key_16 = keyscan_16();            //调用键盘函数,获取按键值
        //使用 if 语句,判断是否新按键按下
        if(keycode_16! = key_16)
        {
            keycode_16 = key_16;          //保存最新按键状态
        }
```

```c
//使用开关语句,判断哪一个按键按下,并改变设备工作状态
switch(keycode_16)
{
  case 0:                    //"0"键按下
  {
    sound_work = 1;          //标记蜂鸣器工作
    break;                   //跳出开关语句
  }
  case 1:                    //"1"键按下
  {
    sound_work = 2;          //标记扬声器工作
    break;                   //跳出开关语句
  }
  case 2:                    //"2"键按下
  {
    led_work = 1;            //标记LED灯点亮
    break;                   //跳出开关语句
  }
  case 3:                    //"3"键按下
  {
    led_work = 0;            //标记LED灯熄灭
    break;                   //跳出开关语句
  }
  case 4:                    //"4"键按下
  {
    sound_work = 0;          //标记关闭发声设备
    break;                   //跳出开关语句
  }
}
if(sound_work == 0)
{
  speaker_GPIO = 1;          //扬声器连接端口置"1",关闭扬声器
  Buzzer_GPIO = 1;           //蜂鸣器连接端口置"1",关闭蜂鸣器
}
if(sound_work == 1)
{
  speaker_GPIO = 1;          //扬声器连接端口置"1",关闭扬声器
```

```c
        Buzzer_GPIO = 0;           //蜂鸣器连接端口置"0",蜂鸣器鸣叫
    }
    if(sound_work == 2)
    {
        Buzzer_GPIO = 1;           //蜂鸣器连接端口置"1",关闭蜂鸣器

        for(k = 0;k<200;k + +)     //调节声音频率,改善音质
        {
            speaker_GPIO = ~speaker_GPIO;   //产生脉冲信号,扬声器发声
            delay_10us(k);         //延时 k 个 10μs
        }
    }
    if(led_work == 1)              //判断是否需要点亮 LED 灯
        led_GPIO = 0xff;           //点亮 LED 灯
    else
        led_GPIO = 0x00;           //熄灭 LED 灯
  }
}
```

项目评价

评价项目		评价标准	配分	学生自评	同学互评	老师点评	总评
职业素养	设备交接	使用前不按要求清点设备扣2分；离开前不按要求清点和还原设备摆放扣3分；不认真参与实训，做与实训无关的事或大声喧哗等一次扣2分；操作过程中人为损坏设备扣15分；计算机未正确关机扣2分；试验箱未摆放到位扣2分；导线未整理扣2分；桌凳未摆放整齐扣2分；工位上未清扫干净扣2分；扣完为止	20分				
	规范操作						
	实训纪律						
	清洁保持						
知识与能力	蜂鸣器和扬声器	理解蜂鸣器和扬声器的电路原理图	10分				
	阵列式键盘	理解阵列式键盘的结构及原理；理解阵列式键盘的电路设计；理解阵列式键盘判断按键按下的方法和识别按键的方法	20分				
	多功能报警器程序设计硬件搭建	能根据多功能报警器程序设计要求，在天煌THMEDP-2型单片机技术实训箱中搭建实验环境	15分				
	多功能报警器程序设计	(1)按"0"键：蜂鸣器报警； (2)按"1"键：扬声器报警； (3)按"2"键：灯光报警； (4)按"3"键：关闭灯光； (5)按"4"键：关闭声音	25分				
汇报展示	作品展示	可以为实物作品展示、PPT汇报、简报、作业等形式	10分				
	语言表达	语言流畅，思路清晰					
总分							

注：总评＝自评×30％＋互评×30％＋点评×40％。

学习笔记

 拓展习题

一、选择题

1. 按键开关通常是机械弹性元件。在按键按下和断开时，触点在闭合和断开瞬间会产生接触不稳定，为消除抖动引起的不良后果，常采用的方法有（   ）。

　　A. 硬件去抖动　　　　　　　　　　B. 软件去抖动
　　C. 硬、软件两种方法　　　　　　　D. 单稳态电路去抖方法

2. 行列式（矩阵式）键盘的工作方式主要有（   ）。

　　A. 编程扫描方式和中断扫描方式
　　B. 独立查询方式和中断扫描方式
　　C. 中断扫描方式和直接访问方式
　　D. 直接输入方式和直接访问方式

3. 某一应用系统需要扩展12个功能键，采用（   ）方式更好。

　　A. 独立式按键　　B. 矩阵式键盘　　C. 动态键盘　　D. 静态键盘

4. 矩阵式键盘的按键较多，按键的位置由行号和列号唯一确定。可以对按键进行编码，编码称为键值，下列正确的计算键值方法是（   ）。

　　A. 列号＋行号　　　　　　　　　　B. 列号＋行号×2
　　C. 列号＋行号×4　　　　　　　　　D. 列号＋行号×8

二、判断题

1. 独立式键盘是一键一线，按键数目较少时使用；矩阵式键盘适于键盘数目较多的场合。（   ）

2. 无源蜂鸣器内部不带振荡器，必须输入脉冲信号才会发声。脉冲信号频率一般为1.5～5kHz，改变输入的脉冲信号频率，可以让无源蜂鸣器发出不同的声音。（   ）

3. 为给以扫描方式工作的8×8非编码键盘提供接口电路，在接口电路中需要设置两个8位并行的输入口和一个8位并行的输出口。（   ）

4. 矩阵式键盘判断按键方法为：若无按键按下，所有的行线保持高电平状态。（   ）

三、填空题

1. 蜂鸣器分为_____和_____两路。

2. 矩阵式键盘由_____和_____组成，按键位于行、列的交叉点上。

3. 当按键数目少于 8 个时，应采用_____式键盘；当按键数目为 64 个时，应采用_____式键盘。

4. 使用并行接口方式连接键盘，对矩阵式键盘而言，8 根 I/O 口线最多可以接_____个按键。

四、综合题

1. 独立式按键和矩阵式按键分别有什么特点？适用于什么场合？

_____
_____
_____
_____
_____

2. 简述矩阵式按键中按键按下的判断方法。

_____
_____
_____
_____
_____

模块三

显示系统

> 模块描述

　　本模块主要以数码管、LED 点阵显示屏、12864 液晶屏显示屏为重点。通过认识这三种常见且典型的显示器件，理解其显示原理，学会根据显示需要，利用 C 语言编写程序，实现所需要的显示功能。本模块还介绍了 74LS164、74LS245、74LS06、74HC154、74HC595 等芯片的功能和使用。本模块的三个项目由易到难，逐步提高。通过本模块的学习和实践，能够提高思维能力和动手能力，能够启迪学生将所学的 C 语言、计算机、电子电工等知识融会贯通，提高分析问题和解决问题的能力。

项目五

数码管显示控制

知识目标

1. 了解数码管的结构、实际应用及显示,数码管的显示驱动方式;
2. 理解数码管的静态和动态显示原理;
3. 掌握数码管 0~9、A~D 等字符的共阴段码和共阳段码。

能力目标

1. 能根据显示需要制订显示方案,确定硬件搭配并进行正确的连接;
2. 会利用 C 语言编写数码管的静态显示和动态显示程序;
3. 能进行编译、纠错、下载、运行,并根据程序的实际运行效果,改进原理设计或修改程序,以达到完美的效果。

素质目标

1. 培养积极主动的学习态度,提高学习方法和技巧;
2. 鼓励和培养创新意识,提高解决问题和独立思考的能力;
3. 培养团队意识和沟通能力。

项目描述

本项目分 3 个任务:认识数码管、数码管静态显示、数码管动态显示。通过 3 个由浅入深、由易到难的任务逐步认识和应用数码管,以达到"数码管是什么和怎样使用数码管"的认知目的。

任务一 认识数码管

数码管是用来显示数字和简单字符的显示器件，其外形如图 3-1 所示。

数码管的内部结构如图 3-2 所示，由 7 个条形发光二极管（a、b、c、d、e、f、g）和一个圆形发光二极管（dp）组成，分别对应 a、b、c、d、e、f、g 和 dp 八个控制引脚。通过控制数码管中各个发光二极管的亮与灭，即可显示出简单的数字和符号。例如：显示"0"，让标号为 g 和 dp 的发光二极管不亮，而其他发光二极管都亮；显示"1"，让"b、c"发光二极管亮，而其他发光二极管都不亮。

图 3-1 数码管实物　　图 3-2 数码管内部结构示意图

根据数码管内部发光二极管连接方式的不同，数码管有共阴极数码管和共阳极数码管两种。

一、共阴极数码管

如图 3-3 所示，共阴极数码管是将所有发光二极管的阴极连接在一起作为公共端 COM。公共端接低电平，当发光二极管阳极接高电平"1"时，数码管

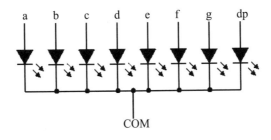

图 3-3 共阴极数码管内部电路连线图

相应段被点亮；反之，当发光二极管阳极接低电平"0"时，数码管相应段不亮。

根据共阴极数码管的工作特性，可以得到如表 3-1 所示的共阴极数码管字符段码表，用于在数码管显示"字符"时，控制各个发光二极管的亮与灭。

表 3-1 共阴极数码管字符段码表

显示字符	dp	g	f	e	d	c	b	a	段码
0	0	0	1	1	1	1	1	1	0x3F
1	0	0	0	0	0	1	1	0	0x06
2	0	1	0	1	1	0	1	1	0x5b
3	0	1	0	0	1	1	1	1	0x4f
4	0	1	1	0	0	1	1	0	0x66
5	0	1	1	0	1	1	0	1	0x6d
6	0	1	1	1	1	1	0	1	0x7d
7	0	0	0	0	0	1	1	1	0x07
8	0	1	1	1	1	1	1	1	0x7F
9	0	1	1	0	1	1	1	1	0x6F
a	0	1	1	1	0	1	1	1	0x77
b	0	1	1	1	1	1	0	0	0x7C
c	0	0	1	1	1	0	0	1	0x39
d	0	1	0	1	1	1	1	0	0x5E
e	0	1	1	1	1	0	0	1	0x79
f	0	1	1	1	0	0	0	1	0x71

二、共阳极数码管

如图 3-4 所示，共阳极数码管是将所有发光二极管的阳极连接在一起作为公共端 COM。公共端接高电平，当发光二极管阴极接低电平"0"时，数码管相应段被点亮；反之，当发光二极管阴极接高电平"1"时，数码管相应段不亮。

根据共阳极数码管的工作特性，可以得到如表 3-2 所示共阳极数码管字符段码表，用于在数码管显示"字符"时，控制各个发光二极管的亮与灭。

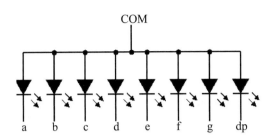

图 3-4 共阳极数码管内部电路连线图

表 3-2 共阳极数码管字符段码表

显示字符	dp	g	f	e	d	c	b	a	段码
0	1	1	0	0	0	0	0	0	0xC0
1	1	1	1	1	1	0	0	1	0xF9
2	1	0	1	0	0	1	0	0	0xA4
3	1	0	1	1	0	0	0	0	0xB0
4	1	0	0	1	1	0	0	1	0x99
5	1	0	0	1	0	0	1	0	0x92
6	1	0	0	0	0	0	1	0	0x82
7	1	1	1	1	1	0	0	0	0xF8
8	1	0	0	0	0	0	0	0	0x80
9	1	0	0	1	0	0	0	0	0x90
a	1	0	0	0	1	0	0	0	0x88
b	1	0	0	0	0	0	1	1	0x83
c	1	1	0	0	0	1	1	0	0xC6
d	1	0	1	0	0	0	0	1	0xA1
e	1	0	0	0	0	1	1	0	0x86
f	1	0	0	0	1	1	1	0	0x8E

任务二 数码管静态显示

一、74LS164 芯片

74LS164 芯片是上升沿触发的移位寄存器,有 14 只引脚。如表 3-3 所示，第 1 和第 2 引脚为数据输入端。第 8 引脚 CLK 为时钟脉冲输入端：在时钟脉冲的上升沿，将输入数据传输到输出端 Q0，Q0 传输到 Q1，Q1 传输到 Q2……Q6 传输到 Q7，实现"串行输入，并行输出"的数据传输功能。

表 3-3　74LS164 芯片引脚功能

引脚	名称	功能	引脚	名称	功能
1	A	数据输入	8	CLK	上升沿传输数据
2	B	数据输入	9	$\overline{MR}$	低电平复位
3	Q0	数据输出	10	Q4	数据输出
4	Q1	数据输出	11	Q5	数据输出
5	Q2	数据输出	12	Q6	数据输出
6	Q3	数据输出	13	Q7	数据输出
7	GND	电源负极	14	VCC	电源正极

二、静态数码显示原理图

天煌 THMEDP-2 型单片机技术实训箱的静态数码显示电路原理图如图 3-5 所示。它有 D1~D5 五个数码管，数码管的 3 和 8 引脚接地，是共阴极数码管。

每一个数码管都有 a、b、c、d、e、f、g、dp 八只引脚，分别与五个 74LS164 芯片 U4~U7 的输出端相连。因此，数码管显示内容受 74LS164 芯片控制。

五个 74LS164 芯片采用"串联"方式（后级芯片的输入连接前级芯片的 Q7 输出端）。只需要将控制数码管显示的代码逐位输入，在 CLK 时钟脉冲的作用下，串行传输到 74LS164 芯片的输出端，就可以控制数码管显示内容。

三、静态数码显示程序

在静态数码显示程序中，使用了数组以存储数码管显示的"段码"。改变数组元素值，就可以改变数码管显示的内容。在本任务中，数码管显示内容为"89C52"。

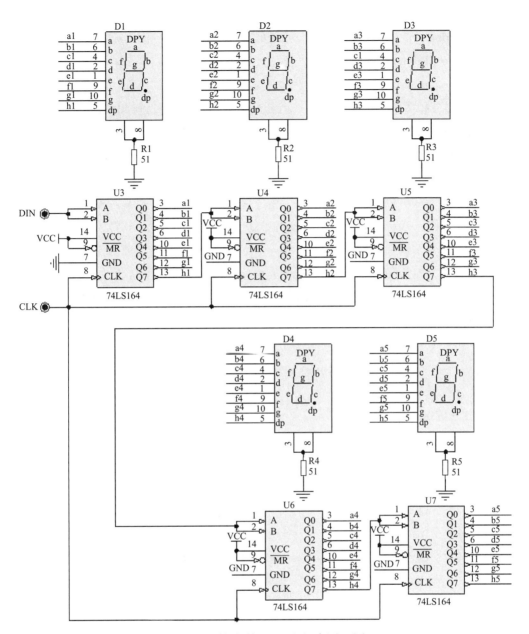

图 3-5 静态数码显示电路原理图

程序代码如下：

/**

5 位数码管串行输入静态显示程序

1. 硬件连接

(1) 静态数码显示模块的 DIN 接口连接单片机 P10 端口；

(2) 静态数码显示模块的 CLK 接口连接单片机 P11 端口。

2. 程序功能：在数码管上显示"89C52"

**/

静态数码显示

```c
#include<reg52.h>                  //包含单片机头文件 reg52.h
#define uint unsigned int          //宏定义标识符 uint
#define uchar unsigned char        //宏定义标识符 uchar
sbit led_5_DIN = P1^0;             //定义位变量,控制数码管 DIN 端
sbit led_5_CLK = P1^1;             //定义位变量,控制数码管 CLK 端
//定义数组,存储数码管显示代码"89C52"。实训箱为共阴极数码管
uchar code led_5_tab[] = {0x7F,0x6F,0x39,0x6d,0x5b};    //89C52
/***********************************************************
                     静态数码管显示函数
1. 显示一字节数据(8 位)
2. 函数参数对应 led_5_tab[]数组的元素序号
3. 静态数码管采用 74LS164 芯片:上升沿触发式移位寄存器,串行输入数据,然后
   并行输出
***********************************************************/
void led_5_display(uchar byte)
{
   uchar num,i;                    //num 存储显示段码,i 控制 for 循环次数
   num = led_5_tab[byte];          //将显示段码存入 num 变量
   for(i = 0;i<8;i++)
   {
      led_5_CLK = 0;               //将 74LS164 芯片 CLK 端置 0
      led_5_DIN = num&0x80;        //取最左边一位数传输
      led_5_CLK = 1;               //产生上升沿触发信号,输入数据
      num<<= 1;                    //显示段码左移 1 位,准备输入下一位数
   }
}
void main()                        //主函数
{
   uchar n;                        //定义变量,控制 for 循环次数
   for(n = 0;n<5;n++)              //显示 5 个字符
   {
      led_5_display(n);            //显示 1 个字符
   }
   while(1);                       //程序在此暂停
}
```

任务三　数码管动态显示

一、74LS245 芯片

74LS245 芯片主要用于驱动 LED 或者其他设备，是 8 路同相双向数据传输器，其引脚排列如图 3-6 所示。

$\overline{OE}$ 是片选控制端。当 $\overline{OE}$ 接高电平时，A 和 B 为高阻态，不传输数据；只有在 $\overline{OE}$ 接低电平时，A 与 B 之间才传输数据。

DIR 是数据方向控制端。当 DIR＝"0"时，信号由 B 向 A 传输；当 DIR＝"1"时，信号由 A 向 B 传输。

二、74LS06 芯片

74LS06 芯片为反相驱动集成块，如图 3-7 所示。它有 6 组输入/输出，A 为输入端，Y 为输出端且 $Y=\overline{A}$。

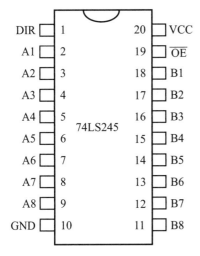

图 3-6　74LS245 芯片引脚排列图

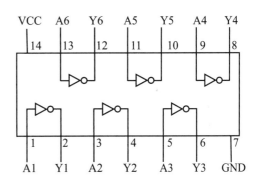

图 3-7　74LS06 芯片引脚图

三、数码管动态显示原理图

数码管动态显示原理图如图 3-8 所示，它有 DATA 和 BIT 两种接口。DATA 接口接收单片机传输过来的显示"段码"，经 74LS245 芯片驱动放大后，输入到六个数码管的 a、b、c、d、e、f、g、dp 引脚，控制数码管的显示内容。

BIT 接口为"位码"输入端，用于控制哪一个数码管显示。在同一时刻，有且只有一个数码管点亮。在单片机编程中，采用了"轮流输入位码"在点亮某个数码管时，输入对应的段码，并且利用 LED 灯的余晖效应和人眼的视觉暂留特性，实现数码管的动态显示控制。

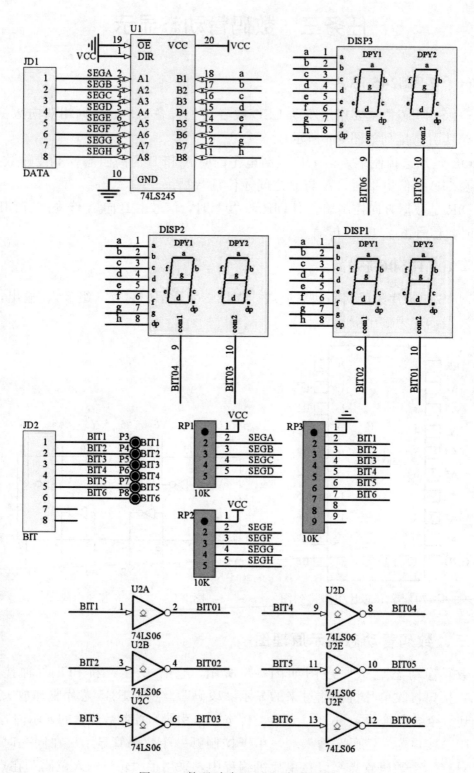

图 3-8 数码动态显示电路原理图

由于天煌 THMEDP-2 型单片机技术实训箱的 6 个动态显示数码管属于共阴极数码管且具有 74LS06 芯片的反相驱动，因此需从 BIT 接口循环输入"0x20、0x10、0x08、0x04、0x02、0x01"六个位码，轮流点亮数码管。

四、数码管动态显示程序

在数码管动态显示程序中，使用了 dis_seg[] 和 dis_bit[] 两个数组。dis_seg[] 数组用于存储显示"段码"，dis_bit[] 数组用于存储六个"位码"。位码是固定的，不能改变，但段码可以改变成用户要显示的任意字符。

动态数码显示程序如下：

```
/*******************************************************
                   动态数码显示程序
一、电路连接
(1)数码显示模块的 DATA 接口接单片机 P0 端口,控制段码;
(2)数码显示模块的 BIT 接口接单片机 P1 端口,控制位码。
二、程序功能
数码管动态显示"123456"。
******************************************************* /
#include <reg52.h>              //包含单片机头文件 reg52.h
#define uchar unsigned char     //用 uchar 代替 unsigned char
#define uint unsigned int       //用 uint 代替 unsigned int
//定义段码存储数组,并存入字符"0123456789"的显示段码
uchar code dis_seg[10] =
{
  0x3f,0x06,0x5b,0x4f,0x66,0x6d,0x7d,0x07,0x7F,0x6F
};
//定义位码存储数组,并存入位码
uchar code dis_bit[6] = {0x20,0x10,0x08,0x04,0x02,0x01};
/*******************************************************
定义一个延时函数,延时 time_ms 毫秒
time_ms 的取值范围为 0~65535
******************************************************* /
void delay_ms(uint time_ms)
{
  uchar n;                      //定义一个变量,控制 for 循环次数
  while(time_ms--)              //使用条件循环语句,控制延时时间
  {
    for(n = 0;n<115;n++);       //执行空语句,延时 1ms
```

```c
    }
}
/ ************* 动态数码显示函数 ****************
在第 led_bit 个数码管位置,显示 dis_data[]数组中第 led_data 个字符
  ********************************************* /
void led_6_display(uchar led_bit,uchar led_data)
{
  //将 dis_seg[]数组第 led_data 个段码送 P0 端口
  P0 = dis_seg[led_data];
  //将 dis_bit[]数组第 led_bit 个位码送 P1 端口
  P1 = dis_bit[led_bit];
  delay_ms(2);                    //延时 2ms,稳定显示
}
void main()                        //主函数
{
  uchar i;                         //定义变量,控制 for 循环次数
  while(1)
  {
    uint t = 1000;
    uint a;
    for(a = t;t>0;t--)
    {
      for(i = 0;i<6;i++)           //通过 for 循环,循环动态显示 6 位数
      {
        //调用显示函数,在指定位置显示指定字符
        led_6_display(i,i+1);
        delay_ms(a);
      }
    }
  }
}
```

项目评价

评价项目		评价标准	配分	学生自评	同学互评	老师点评	总评
职业素养	设备交接	使用前不按要求清点设备扣2分；离开前不按要求清点和还原设备摆放扣3分；不认真参与实训,做与实训无关的事或大声喧哗等一次扣2分；操作过程中人为损坏设备扣15分；计算机未正确关机扣2分；试验箱未摆放到位扣2分；导线未整理扣2分；桌凳未摆放整齐扣2分；工位上未清扫干净扣2分；扣完为止	20分				
	规范操作						
	实训纪律						
	清洁保持						
知识与能力	数码管的构造和显示原理	能判断哪些字符可以通过数码管显示,错误一个扣5分；能推算字符的共阴段码或共阳段码,不能或错误扣5分	10分				
	应用芯片74LS164实现串转并传输的方法	理解并能模仿写出实现数据串转并传输的相关程序段；可对相关程序进行提问,错误1次扣5分	10分				
	数码管动态显示原理	能模仿项目中的程序,动态显示具体内容	15分				
	数组的定义和赋值	能在程序中正确定义数组并赋值,理解数组在程序中的作用	15分				
	看懂电路原理图,正确连线,规范操作	能根据电路原理图,在实训模块中理清各元器件之间的连接并正确连线,按实训步骤规范操作	20分				
汇报展示	作品展示	编程显示"201314"	10分				
	语言表达	口述数码管的动态显示原理					
总分							

注：总评＝自评×30％＋互评×30％＋点评×40％。

学习笔记

拓展习题

一、选择题

1. 字母 p 的共阳段码是（　　）。
A. 0X73　　　　B. 0X37　　　　C. 0X31　　　　D. 0X8C

2. 74LS164 芯片的信号输出方式（　　）。
A. 只能并行输出　　　　　　B. 只能串行输出
C. 既有并行输出又有串行输出　　D. 可以灵活设置

3. 在任务二中，函数 void led_5_display（uchar byte）内循环语句"for（i=0；i<8；i++）"的功能是（　　）。
A. 以串行方式向外输出一个字符段码
B. 以并行方式向外输出一个字符段码
C. 以串行方式向内输入一个字符段码
D. 以并行方式向内输入一个字符段码

4. 任务三中数码管的动态显示原理是（　　）。
A. 所有数码管在不同时间内显示不同内容，但同一时刻都显示相同的内容
B. 同一个数码管在不同时间显示内容相同，不同的数码管在不同时间按一定的顺序依次点亮。在同一时刻，只有某一个数码管被点亮显示
C. 把所有数码管的 8 个对应管脚并联在一起，然后 8 个管轮流点亮
D. 每个数码管根据显示内容的不同被分配不同的点亮显示时间

二、判断题

1. 利用数码管显示字母 ABCDEF 时可以区分大小写。（　　）

2. 定义数组语句"uchar code led_5_tab[]={0x7F,0x6F,0x39,0x6d,0x5b}"中"code"的作用是：告诉编译器，本数组使用的存储器种类为"程序存储器 ROM 64k 空间"。（　　）

3. 数组 dis_bit[6]={0x20,0x10,0x08,0x04,0x02,0x01}中的数值顺序对应 6 个数码管显示的字符的顺序。（　　）

4. 在任务三的程序中，改变数组 dis_seg[10]={0x3f,0x06,0x5b,0x4f,0x66,0x6d,0x7d,0x07,0x7F,0x6F}的后面三个值对本程序的实际效果没有影响。（　　）

三、填空题

1. 对共阴数码管的引脚输入 0X7D，显示的字是_____。
2. 74LS164 芯片的串行输出端是_____号引脚。
3. 定义数组语句为"uchar code led_5_tab [] = {0x7F，0x6F，0x39，0x6d，0x5b}"，则 led_5_tab [4] =_____。
4. 因为单片机 CPU 的输出端驱动电流较小，数码管的 8 个段码输入端不是直接接到单片机的输出端口，而是在中间增加了_____芯片进行驱动放大。

四、综合题

1. 如果需要在中间位置的数码管 D3 上显示字母"H"且其余 4 个不显示任何内容，需要对任务二的程序做怎样的修改？

2. 在数码管的动态显示中，段码和位码分别起什么作用？

3. 试编写一个程序，利用 6 位数码管动态显示"201314"内容。

五、探索实践

1. 在任务二的程序中，如果将主函数 void main () 中的语句"while（1）"放到函数体的开头，程序运行将怎样变化？会有什么样的显示效果？请先分析猜测，然后修改程序观察实际效果。
2. 人眼的视觉暂留时间一般为 0.1~0.4s（即 100~400ms）。在任务三的程序中，修改语句"delay_ms（2）"中的参数"2"，观察实际显示效果的变化，体会程序设计时如何适当选择参数。

项目六

LED点阵屏显示控制

知识目标

1. 了解 LED 点阵显示屏的构造和显示原理;

2. 了解逐行轮流动态显示的方法,在 16×16 点阵 LED 屏上显示文字的方案构思和程序设计;

3. 理解译码器芯片 74HC154 和串行输入并行输出移位寄存器芯片 74HC595 在电路中的作用及其工作原理。

能力目标

1. 能正确识图并连线搭建硬件系统,能利用汉字取模软件对汉字取模,能理解项目程序并能模仿编写类似程序;

2. 会正确接线,会写程序并编译、纠错、下载、运行;

3. 会根据硬件的特性和工作原理,灵活编程,组成相应的应用系统。

素质目标

1. 培养规范意识,以及精益求精的工匠精神;

2. 学会管理情绪,调整心态,以积极的态度面对挑战;

3. 培养团队意识和沟通能力。

项目描述

本项目通过在 16×16 点阵 LED 屏上轮流显示"巫山欢迎您"的字样,来认识 LED 点阵屏的构造,理解其显示原理。通过熟悉硬件、汉字取模、程序设计等一系列过程,练习如何搭配外围元器件,以发挥单片机的强大功能。

项目实施

任务一 认识 LED 点阵模块

LED 点阵模块是由发光二极管按照一定规律。排列组成的显示器件，其外形如图 3-9 所示。

图 3-9 8×8 LED 点阵模块实物

LED 点阵模块的内部结构如图 3-10 所示。通过控制行线（H0～H7）和列线（L0～L7）电平，就可以控制 LED 点阵中发光二极管的亮与灭，实现各种字符和图形的显示。例如，要让"第 1 行第 1 列"的 LED 灯亮，就在第 1 行 H0 输入高电平、第 1 列 L0 输入低电平，其他行线输入低电平、列线输入高电平即可。

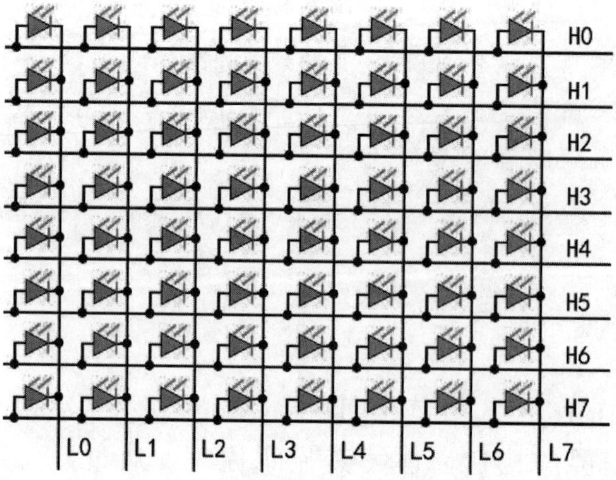

图 3-10 8×8 LED 点阵模块内部结构

在天煌 THMEDP-2 型单片机技术实训箱中，采用了"逐行输入高电平、列线控制显示内容，利用 LED 灯余晖效应、人眼视觉暂留特性"的方法，控制 LED 点阵屏内容显示。

LED 显示模块具有发光效率高、使用寿命长、组态灵活、色彩丰富以及对室内外环境适应能力强等优点，广泛应用于公交汽车、商店、体育场馆、车站、学校、银行、高速公路等公共场所的信息发布和广告宣传。

任务二　熟悉 LED 点阵显示模块电路

一、认识 74HC154 芯片

74HC154 芯片是 4 线-16 线译码器。如图 3-11 所示，它有 A、B、C、D 四个输入端，输入二进制代码（例如，0010，排列顺序是"DCBA"），经 74HC154 芯片识别（译码）后，有且只有一个输出端为低电平"0"（输入 0000，$\overline{0}$ 引脚输出低电平；输入 0001，$\overline{1}$ 引脚输出低电平；输入 0010，$\overline{2}$ 引脚输出低电平……）。

$\overline{G1}$、$\overline{G2}$ 为芯片控制端。若 $\overline{G1}$、$\overline{G2}$ 任意一个为高电平，则 A、B、C、D 输入都无效；只有 $\overline{G1}$、$\overline{G2}$ 都为低电平时，芯片才有译码功能。

二、认识 74HC595 芯片

74HC595 芯片是将 8 位串行输入转换为 8 位并行输出的串转并集成电路，其引脚排列如图 3-12 所示。

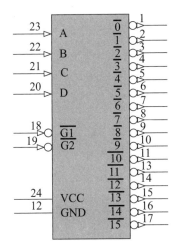

图 3-11　74HC154 芯片引脚

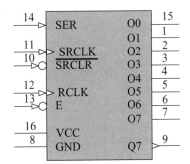

图 3-12　74HC595 芯片引脚

第 14 脚 SER 为串行信号输入端，第 1～7 脚、第 15 脚为并行信号输出端，第 13 脚 E 为并行输出控制端（低电平有效。当第 13 脚为高电平时，并行输出端为高阻状态，无输出）。

在 74HC595 集成块内部，有两个寄存器：一个是移位寄存器，在第 11 脚 SRCLK 端电压的上升沿，移位寄存器按照 O0＞O1＞O2＞O3＞O4＞O5＞O6＞O7 的方向移位，并将第 14 脚串行输入端信号存入移位寄存器 O0 位，Q7 的电位与 O7 相同；另一个是并行输出寄存器，在第 12 脚 RCLK 端电压的上升沿，将移位寄存器中的数据存入并行输出寄存器，从并行端口输出，并保持不变，直至下一次数据写入。

第 10 脚 $\overline{SRCLR}$ 是移位寄存器清零端：低电平有效，即当第 10 脚为低电平时，移位寄存器清零。通常，集成块的第 10 脚接高电平（电源 VCC）。

74HC595 除了能够将串行信号转换为并行信号输出之外，还可以将串行输入信号从集成块的第 9 脚 Q7 端输出。Q7 端通常在 74HC595 的多级连接中，作串行信号输出使用。

三、LED 点阵显示原理图

LED 点阵模块电路如图 3-13 所示。天煌 THMEDP-2 型单片机技术实训箱采用的是 16×16LED 点阵屏，其显示原理与 8×8 LED 点阵屏显示原理相同。

1. 列线输入

DIN 接口是 LED 点阵屏显示内容 "段码" 的输入端口。输入数据由 CLK 时钟移位输入 74HC595 芯片移位寄存器，再由 RCLK 脉冲锁定到并行输出寄存器，最后输出到 LED 灯点阵屏的 V1～V16 输入端。

天煌 THMEDP-2 型单片机技术实训箱采用 16×16 LED 点阵屏，每行有 16 个 LED 灯。因此，LED 点阵屏采用了 "两级 74HC595 串联" 电路，可以一次串行输入一个 16 位二进制数、并行输出至 V1～V16，然后控制 LED 点阵屏某一行的显示内容。

2. 行线控制

LED 点阵屏的行线由 "A、B、C、D" 四个输入端信号控制。"A、B、C、D" 四个输入信号经 74HC154 芯片译码后，有且只有一个输出端输出低电平 "0"（DCBA 输入端：输入 0000，$\overline{0}$ 引脚输出低电平；输入 0001，$\overline{1}$ 引脚输出低电平；输入 0010，$\overline{2}$ 引脚输出低电平……低电平引脚的 "功能编号" 等于二进制数 "DCBA"），经 Q1～Q16 反相放大，加到点阵屏 H1～H16 输入端（同一时刻，有且只有一行为高电平），最终实现逐行显示 "显示内容"。

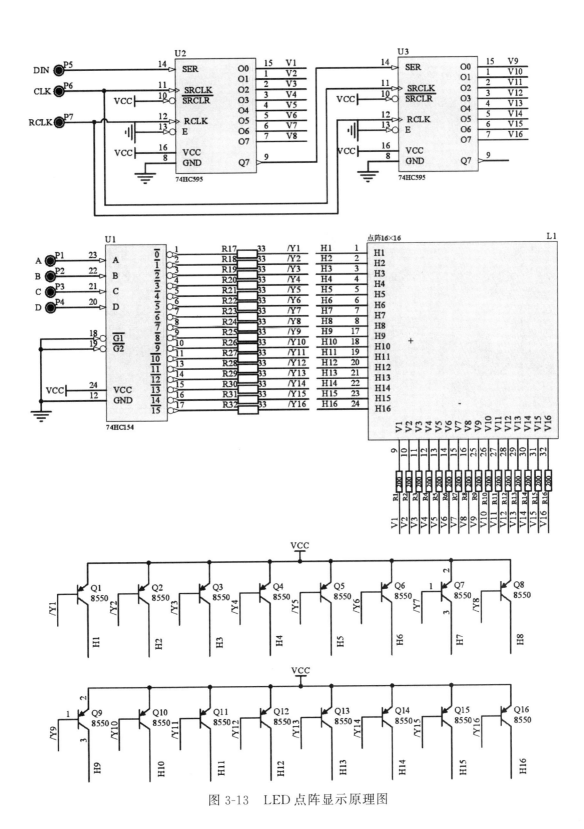

图 3-13 LED 点阵显示原理图

任务三 使用字模提取软件

使用 LED 点阵屏显示汉字、字母、数字或图形时，需要使用"字模提取"软件产生控制 LED 点阵屏显示内容的"段码"。

字模提取软件启动后，操作界面如图 3-14 所示，其使用方法如下所述。

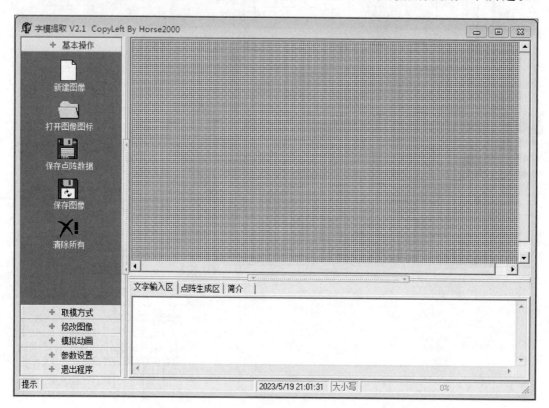

图 3-14 "字模提取"软件操作界面

步骤 1：设置取模方式。

在"参数设置"选项中，单击"其它选项"按钮，打开图 3-15 所示"选项"对话框，并设置取模方式为"横向取模"，不选择"字节倒序"，勾选"保留"选项。

步骤 2：设置字体格式。

在"参数设置"选项中，单击"文字输入区字体选择"按钮，打开图 3-16 所示"字体"对话框，设置字体为宋体、常规、小四号。

步骤 3：获取汉字点阵图。

在文字输入区输入汉字"巫山欢迎您"，然后按"Ctrl＋Enter"键，生成"巫山欢迎您"的汉字点阵图，如图 3-17 所示。

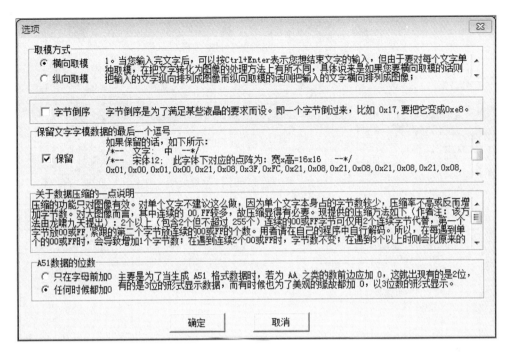

图 3-15 设置"取模方式"示意图

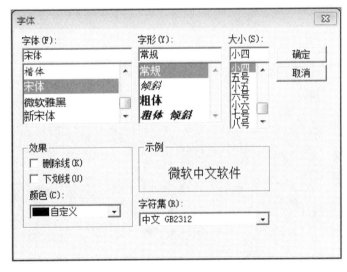

图 3-16 "字体"设置对话框

步骤 4: 修改图像。

在图 3-18 所示的"修改图像"选项中,单击"黑白反显图像"按钮,使显示内容反相。

步骤 5: 获取点阵图像显示代码。

在图 3-19 所示的"取模方式"选项中,单击"C51 格式"按钮,生成点阵图像的 C51 程序代码,并复制、粘贴到程序中。

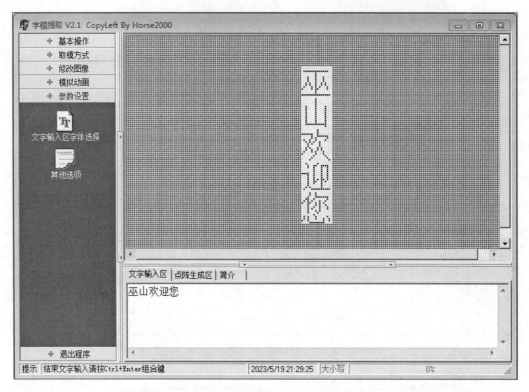

图 3-17 文字输入窗口

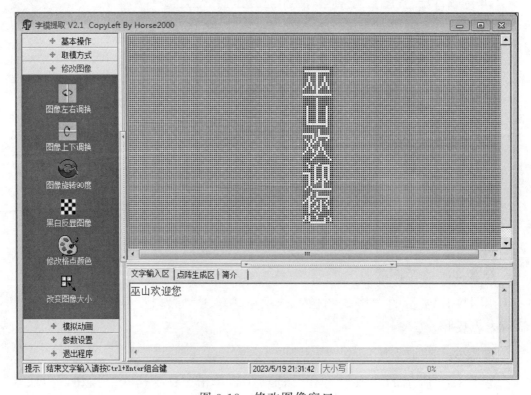

图 3-18 修改图像窗口

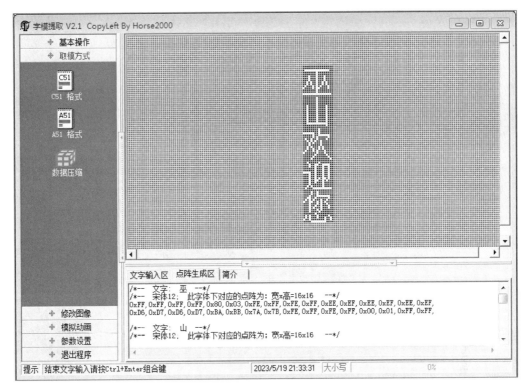

图 3-19 获取点阵图像代码窗口

任务四 编写 LED 点阵显示程序

在 LED 点阵显示程序中，需要使用"字模提取"软件提取显示图像代码，同学们一定要记住哟！

在设置"字模软件"参数时，取模方式、字体格式、是否倒序、是否黑白反显图像要根据实际情况确定。在本程序中，使用的是：横向取模，不选择"字节倒序"，"保留"最后一个逗号，宋体常规小四号字，使用"黑白反显图像"功能。

/**

LED 点阵显示程序

一、电路连接

（1）接口 A 连接 P10 端口，接口 B 连接 P11 端口，接口 C 连接 P12 端口，接口 D 连接 P13 端口；

（2）接口 DIN 连接 P15 端口，接口 CLK 连接 P16 端口，接口 RCLK 连接 P17 端口。

二、程序功能

LED 点阵显示模块轮流显示"巫山欢迎您"五个汉字。

**/

LED点阵显示

```c
#include <reg52.H>              //包含单片机头文件 reg52.h
#include <intrins.h>            //包含单片机头文件 intrins.h
                                // intrins.h 文件中定义了左右移函数
#define uchar unsigned char     //用 uchar 代替 unsigned char
#define uint  unsigned int      //用 uint 代替 unsigned int
sbit  led_16x16_A = P1^0;       //定义位变量,控制 P10 端口电平
sbit  led_16x16_B = P1^1;       //定义位变量,控制 P11 端口电平
sbit  led_16x16_C = P1^2;       //定义位变量,控制 P12 端口电平
sbit  led_16x16_D = P1^3;       //定义位变量,控制 P13 端口电平
sbit  led_16x16_DIN = P1^5;     //定义位变量,控制 P15 端口电平
sbit  led_16x16_CLK = P1^6;     //定义位变量,控制 P16 端口电平
sbit  led_16x16_RCLK = P1^7;    //定义位变量,控制 P17 端口电平
// ========== 定义 1 个数组,存储"巫山欢迎您"字模代码 =============== //
// = 横向取模、不选字节倒序、宋体常规小四号字、黑白反显图像、C51 格式 = //
uchar code led_16x16_tab1[] =
{
    /*--文字:巫--*/
    /*--宋体 12;在此字体下对应的点阵为:宽×高=16×16   --*/
    0xFF,0xFF,0xFF,0xFF,0x80,0x03,0xFE,0xFF,0xFE,0xFF,0xEE,0xEF,0xEE,
0xEF,0xEE,0xEF,
    0xD6,0xD7,0xD6,0xD7,0xBA,0xBB,0x7A,0x7B,0xFE,0xFF,0xFE,0xFF,0x00,
0x01,0xFF,0xFF,

    /*--文字:山--*/
    /*--宋体 12;在此字体下对应的点阵为:宽×高=16×16   --*/
    0xFE,0xFF,0xFE,0xFF,0xFE,0xFF,0xFE,0xFF,0xDE,0xF7,0xDE,0xF7,0xDE,
0xF7,0xDE,0xF7,
    0xDE,0xF7,0xDE,0xF7,0xDE,0xF7,0xDE,0xF7,0xDE,0xF7,0xC0,0x07,0xFF,
0xF7,0xFF,0xFF,

    /*--文字:欢--*/
    /*--宋体 12;在此字体下对应的点阵为:宽×高=16×16   --*/
    0xFF,0x7F,0xFF,0x7F,0x03,0x7F,0xFB,0x03,0xFA,0xFB,0xB6,0xF7,0xD5,
0xBF,0xEB,0xBF,
    0xEF,0xBF,0xD7,0x5F,0xDB,0x5F,0xBA,0xEF,0x7E,0xEF,0xFD,0xF7,0xFB,
0xFB,0xF7,0xFD,

    /*--文字:迎--*/
    /*--宋体 12;在此字体下对应的点阵为:宽×高=16×16   --*/
    0xFF,0xFF,0xDF,0x7F,0xEC,0xC3,0xED,0xDB,0xFD,0xDB,0xFD,0xDB,0x0D,
0xDB,0xED,0xDB,
```

```
    0xED,0xDB,0xED,0x4B,0xEC,0xD7,0xED,0xDF,0xEF,0xDF,0xD7,0xDF,0xB8,
0x01,0xFF,0xFF,
    /*--文字:您--*/
    /*--宋体12;在此字体下对应的点阵为:宽×高=16×16  --*/
    0xF6,0xFF,0xF6,0xFF,0xEE,0x03,0xCD,0xFB,0xAB,0xB7,0x66,0xAF,0xEE,
0xB7,0xED,0xBB,
    0xEB,0xBB,0xEE,0xBF,0xEF,0x7F,0xFD,0xFF,0xAE,0xFB,0xAE,0xED,0x6F,
0xED,0xF0,0x0F
};
//====    LED点阵,数据传输函数:传输1字节数据(dat) ====//
void led_16x16_DataOut(uchar dat)
{
    uchar x;                        //定义变量,控制for循环次数
    for(x = 0;x<8;x + +)            //使用for循环,传输1字节数据
    {
        led_16x16_CLK = 0;          //准备产生上升沿移位信号
        if(dat & 0x01)              //取dat最右边的一位传输
            led_16x16_DIN = 1;
        else
            led_16x16_DIN = 0;
        _nop_();                    //短暂延时,让传输信号稳定
        _nop_();
        led_16x16_CLK = 1;          //产生上升沿信号,实现移位功能
        _nop_();                    //短暂延时,让输出信号稳定
        _nop_();
        dat>> = 1;                  //右移1位,准备传输下一位数据
    }
}
// ==============    LED点阵,设置行线函数:第x行显示   ============== //
void led_16x16_SetLin(uchar x)
{
    led_16x16_A = x&0x01;           //将十进制数"x"转换成十六进制数输出
    led_16x16_B = x&0x02;
    led_16x16_C = x&0x04;
    led_16x16_D = x&0x08;
}
// ======    LED点阵,显示函数:在第n行显示"段码" dat_1、dat_r    ========= //
```

```c
void led_16x16_display(uchar n,uchar dat_l,uchar dat_r)
{
    led_16x16_RCLK = 0;              //准备产生上升沿信号,保存数据到数据寄存器
    led_16x16_DataOut(0xff);         //熄灭 9~16 列 LED 灯,消除重影
    led_16x16_DataOut(0xff);         //熄灭 1~8 列 LED 灯,消除重影
    led_16x16_RCLK = 1;              //产生上升沿锁存信号,保存数据
    _nop_();

    led_16x16_RCLK = 0;              //准备产生上升沿信号
    led_16x16_DataOut(dat_r);        //输入 9~16 列显示数据
    led_16x16_DataOut(dat_l);        //输入 1~8 列显示数据
    led_16x16_SetLin(n);             //设置显示"行"
    led_16x16_RCLK = 1;              //产生上升沿锁存信号,保存数据
    _nop_();
}
// ========================     主函数     ========================= //
void main(   )
{
    uchar m;                         //定义 for 循环变量,控制显示哪一个字
    uchar n;                         //定义 for 循环变量,控制显示切换速度
    uchar x,y;                       //x 控制扫描"行",y 控制"段码"读写
    uchar dat1,dat0;                 //定义变量,保存"段码"
    while(1)
    {
        for(m=0;m<5;m++)             //轮流显示"巫山欢迎您"这五个字
        {
            for(n=0;n<100;n++)       //控制显示切换速度
            {
                for(x=0;x<16;x++)    //逐行显示 1 个字
                {
                    y = 32*m+2*x;    //确定显示段码在数组中的位置
                    dat0 = led_16x16_tab1[y+1];     //读取显示段码
                    dat1 = led_16x16_tab1[y];
                    led_16x16_display(x,dat1,dat0);   //显示 1 行内容
                }
            }
        }
    }
}
```

项目评价

评价项目		评价标准	配分	学生自评	同学互评	老师点评	总评
职业素养	设备交接	使用前不按要求清点设备扣2分;离开前不按要求清点和还原设备摆放扣3分;不认真参与实训,做与实训无关的事或大声喧哗等一次扣2分;操作过程中人为损坏设备扣15分;计算机未正确关机扣2分;试验箱未摆放到位扣2分;导线未整理扣2分;桌凳未摆放整齐扣2分;工位上未清扫干净扣2分;扣完为止	20分				
	规范操作						
	实训纪律						
	清洁保持						
知识与能力	了解译码器芯片74HC154的功能	能描述输出低电平引脚编号与输入端DCBA的关系,错一个扣2分	10分				
	了解移位寄存芯片74HC595的功能	能描述数据的移位和输出过程,区分11脚(SRCLK)和12脚(RCLK)的两个不同时钟信号的作用,各5分	10分				
	能利用汉字取模软件对汉字取模	能正确设置软件参数,得8分;能熟练进行汉字取模,得7分	15分				
	理解程序中各模块的功能	不能描述或者描述错误,一个扣3分	15分				
	能理清程序中各个函数之间的调用关系和参数联系	采用提问方式,根据熟练程度酌情给分	20分				
汇报展示	作品展示	能正常显示"巫山欢迎您",得5分	10分				
	语言表达	能描述显示原理和显示过程,得5分					
总分							

注:总评=自评×30%+互评×30%+点评×40%。

学习笔记

拓展习题

一、选择题

1. 在 8×8 LED 点阵的引脚中,"H7"是（　　）。

　A. 第 7 行 LED 的阳极引线

　B. 第 8 行 LED 的阳极引线

　C. 第 7 行 LED 的阴极引线

　D. 第 8 行 LED 的阴极引线

2. 在 74HC595 芯片中,将 14 脚（SER）的状态值存入内部移位寄存器,是在（　　）执行的。

　A. 11 脚（SRCLK）高电平的上升沿

　B. 11 脚（SRCLK）高电平的下降沿

　C. 12 脚（RCLK）高电平的上升沿

　D. 12 脚（RCLK）高电平的下降沿

3. 在 74HC595 芯片中,将移位寄存器的值存入并行输出寄存器,是在（　　）执行的。

　A. 11 脚（SRCLK）高电平的上升沿

　B. 11 脚（SRCLK）高电平的下降沿

　C. 12 脚（RCLK）高电平的上升沿

　D. 12 脚（RCLK）高电平的下降沿

4. 下列语句中,执行后 y 的值与 "y＝x≪1" 执行后 y 的值相同的是（　　）。

　A. y＝x＋2　　　　　　　　B. y＝x＊2

　C. y＝x/2　　　　　　　　D. y＝x－2

二、判断题

1. LED 显示模块具有发光效率高、使用寿命长、组态灵活、色彩丰富以及对室内外环境适应能力强等优点,广泛应用于公交汽车、商店、体育场馆、车站、学校、银行、高速公路等公共场所的信息发布和广告宣传。（　　）

2. 16×16 LED 点阵与 8×8 LED 的显示原理相同。（　　）

3. 将汉字取模软件设置为"横向取模,字节不倒序"。对一个汉字按

"宽×高＝16×16"进行取模时，按从上到下的顺序分成16行，每一行又按照从左到右的顺序分为两段，每一段对应一个8位二进制数（左高位右低位），再把二进制数转换为16进制数，从而得到32个16进制数。（　　）

4. 利用汉字取模软件对一个汉字按"宽×高＝16×16"进行取模时，如果将码值转换为二进制数，则1表示亮，0表示不亮。（　　）

三、填空题

1. 在天煌THMEDP-2型单片机技术实训箱中，采用了"逐行输入_____、列线控制_____，利用LED灯余晖效应、人眼视觉暂留特性"的方法，控制LED点阵屏的显示。

2. 在16×16 LED点阵显示模块中，当74HC154芯片的输入值为DCBA＝0110时，编号H1～H16的16行中，_____显示。

3. 利用汉字取模软件对一个汉字按"宽×高＝16×16"进行取模，得到的码值由_____个16进制数组成。

4. 在存储"巫山欢迎您"的字模代码的数组中，led_16x16_tab1[68]是文字_____的第_____行_____半段的代码。

四、综合题

1. 使用switch/case语句编写一个函数，实现以下函数相同的功能。

```
void led_16x16_SetLin(uchar x)
{
    led_16x16_A = x&0x01;          //将十进制数"x"转换成十六进制数输出
    led_16x16_B = x&0x02;
    led_16x16_C = x&0x04;
    led_16x16_D = x&0x08;
}
```

2. 在 LED 点阵显示程序中，语句

```
led_16x16_DataOut(0xff);        //熄灭 9～16 列 LED 灯,消除重影
led_16x16_DataOut(0xff);        //熄灭 1～8 列 LED 灯,消除重影
```

中为什么使用的数值是"0xff"？

五、探索实践

1. 如何修改程序使点阵屏轮流显示"成功靠自己"？动手试一试。

2. 如何修改程序使点阵屏轮流显示"巫山县职业教育中心"？动手试一试。

项目七

12864 液晶屏显示控制

知识目标

1. 了解 12864 液晶显示屏的构造和相关概念；
2. 理解 12864 液晶显示屏的显示原理；
3. 掌握 12864 液晶显示屏的使用方法。

能力目标

1. 能说出 12864 液晶显示屏的结构划分，并能使用操作指令；
2. 会连接电路，会编写程序并下载演示。

素质目标

1. 培养良好的思维能力，提高解决问题的能力；
2. 培养善于分析和勇于解决问题的能力；
3. 培养严谨细致的工作习惯。

项目描述

在本项目中，应首先认识 12864 液晶显示屏的构造、结构划分、引脚功能、操作指令、显示原理等基本属性，然后确定显示内容，分析其显示机制和如何操控；在此基础上列出程序功能模块，然后逐一编写并修改完善，最终达到预定的显示效果。

任务一 认识 12864 液晶显示屏

12864 液晶显示屏是一种 128 列×64 行的点阵图形显示器,如图 3-20 所示。它可以显示 128 列×64 行点阵单色图形,或显示"8 列×4 行"16×16 点阵的汉字,或显示"16 列×8 行"8×8 点阵的英文、数字、符号。

12864 液晶显示屏有带字库和不带字库之分。在天煌 THMEDP-2 型单片机技术实训箱中,使用的是不带字库 LCD12864 显示屏,它有 20 个引脚,其引脚功能如表 3-4 所示。

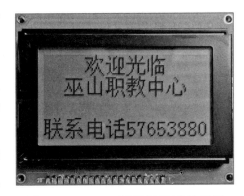

图 3-20 12864 液晶屏显示效果图

表 3-4 12864 液晶显示屏引脚功能

引脚序号	引脚名称	引脚功能
1	VSS	电源负极,接地端
2	VDD	电源正极,接+5V 电压
3	V0	液晶显示对比度调节端
4	D/I	D/I=1:表示 DB0~DB7 所传输的是显示数据 D/I=0:表示 DB0~DB7 所传输的是指令数据
5	W/R	W/R=1:读操作,从 LCD 读出数据 W/R=0:写操作,将数据写入 LCD
6	E	读写使能信号:E=1,从 LCD 读出数据;在 E 信号下降沿,将数据写入到 LCD
7~14	DB0~DB7	8 位数据总线
15	CS1	左半屏片选信号:高电平时选中
16	CS2	右半屏片选信号:高电平时选中
17	$\overline{RST}$	复位信号:低电平复位
18	VEE	由内部提供液晶显示驱动电压
19	LED+	LED 背光电源输入正极(+5V)
20	LED−	LED 背光电源输入负极

如图 3-21 所示，12864 液晶显示屏由左、右半屏组成（左右半屏都是 64×64 点阵显示屏，高电平点亮），CS1、CS2 是左右半屏片选信号。CS1=1、CS2=0，仅选中左半屏；CS1=0、CS2=1，仅选中右半屏；CS1=1、CS2=1，同时选中左右半屏；CS1=0、CS2=0，左右屏都不选中。

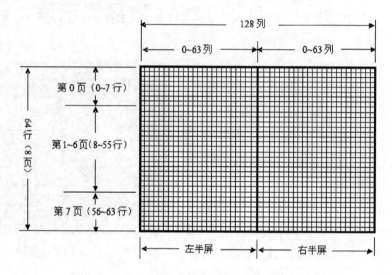

图 3-21 12864 液晶显示屏显示结构图

12864 液晶显示屏的左右半屏都被细分成 8 页（8 行/页），编号为 0～7。在向 LCD12864 输入显示数据时，需要先确定"在哪半屏、哪页、哪列"显示，然后输入显示信息，才可以实现液晶显示屏的显示控制。

12864 液晶显示屏有 7 条控制指令，用于开/关显示、设置列地址、设置页地址、设置显示起始行、读取液晶显示器工作状态、写入数据以及从数据显示缓冲存储器 DDRAM 中读取数据。其指令格式如表 3-5 所示。

表 3-5 12864 液晶显示屏指令

指令	指令码									功能说明
	D/I	W/R	DB7	DB6	DB5	DB4	DB3	DB2	DB1	DB0	
开关显示	0	0	0	0	1	1	1	1	1	1/0	DB0=1,开显示 DB0=0,关显示
设置列地址	0	0	0	1	列地址(0～63)						在对 DDRAM 进行读写操作后，列地址自动加 1
设置页地址	0	0	1	0	1	1	1	页(0～7)			在对 DDRAM 进行读写操作后，页地址不能自动加 1
设置显示起始行	0	0	1	1	显示起始行(0～63)						设置显示屏第一行从 DDRAM 中的哪一行开始显示

续表

指令	指令码									功能说明
	D/I	W/R	DB7	DB6	DB5	DB4	DB3	DB2	DB1	DB0	
读取状态	0	1	BF	0	ON/OFF	RST	0	0	0	0	BF=1:忙;BF=0:空闲 RST=1:正在复位 RST=0:正常工作 ON/OFF=1:显示关闭 ON/OFF=0:显示打开
写入数据	1	0	写数据								将数据写入到 DDRAM
读出数据	1	1	读数据								从 DDRAM 中读取数据

任务二 熟悉 12864 液晶显示模块

天煌 THMEDP-2 型单片机技术实训箱的 12864 液晶显示模块如图 3-22 所示。LCD12864 液晶显示屏插接在"转接"电路板上,通过 JD1、JD2 两个接口与单片机连接,接收显示数据和控制信号。

图 3-22 12864 液晶显示模块实物

12864 液晶显示模块电路如图 3-23 所示。JD1 接口连接 LCD12864 的 8 位数据总线 D0～D7,用于输入指令/显示数据和显示器工作状态信息输出;JD2 接口用于控制 LCD12864 工作状态。

JD2 的 D/I 引脚连接 LCD12864 的 D/I 引脚,用于指令/显示数据控制;JD2 的 W/R 引脚连接 LCD12864 的 W/R 引脚,用于读/写控制;JD2 的 E_A7 引脚连接 LCD12864 的 E 引脚,其是读写使能端;JD2 的 CS1、CS2 引脚连接 LCD12864 的 CS1、CS2 引脚,用于选择 LCD12864 的左、右半屏。

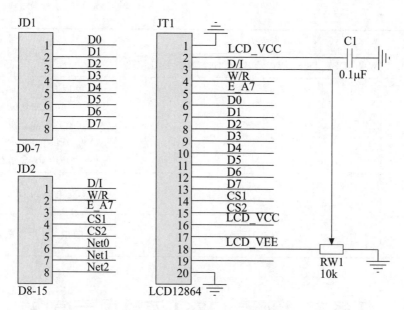

图 3-23　12864 液晶显示模块电路

任务三　编写 12864 液晶显示程序

天煌 THMEDP-2 型单片机技术实训箱使用的 LCD12864 是不带字库的，不能直接显示汉字、字母、数字和图形。必须使用"字模提取"软件，从汉字、字母、数字和图形中提取出"点阵字模编码"，通过程序输入 LCD12864，才能显示出来。在本程序中，采用的是"纵向取模、字节倒序、保留逗号、宋体常规小四号字"。

在 LCD12864 显示程序中，数组 lcd12864_hzk [] 用于存储 16×16 点阵字模代码。数组 lcd12864_ezk [] 用于存储 8×16 点阵字模代码。表 3-6 列出了在程序中使用的所有子函数。

表 3-6　LCD12864 显示程序子函数

序号	函数名	函数	功能说明
1	写指令函数	void lcd12864_write_cmd(uchar com)	将指令"com"写入 LCD
2	写数据函数	void lcd12864_write_data(uchar dat)	将数据"dat"写入 LCD
3	选屏函数	void lcd12864_set_screen(uchar screen)	screen=1，选中左半屏；screen=2，选中右半屏；screen=3，同时选中左右屏
4	设置显示页函数	void lcd12864_set_page(uchar page)	page 取值范围是 0~7
5	设置显示起始列函数	void lcd12864_set_column(uchar column)	column 取值范围是 0~63

续表

序号	函数名	函数	功能说明
6	设置显示起始行函数	void lcd12864_set_line(uchar line)	line 取值范围是 0～63
7	开关显示函数	void lcd12864_set_onoff(uchar onoff)	0 关,1 开
8	清屏函数	void lcd12864_clear(uchar screen)	screen=1,清除左半屏内容;screen=2,清除右半屏内容;screen=3,清除左右屏内容
9	LCD12864 初始化函数	void lcd12864_init()	开显示,清屏,设置显示起始行为 0
10	16×16 点阵显示函数	void lcd12864_display_hz(uchar screen, uchar page,uchar column,uchar number)	在指定位置显示 1 个 16×16 点阵图形。screen 设置"屏"参数,page 设置"页"参数,column 设置"列"参数,number 为显示内容
11	8×16 点阵显示函数	void lcd12864_display_en(uchar screen, uchar page,uchar column,uchar number)	在指定位置显示 1 个 8×16 点阵图形。screen 设置"屏"参数,page 设置"页"参数,column 设置"列"参数,number 为显示内容

与数码管、LED 点阵屏不同,LCD12864 显示内容不需要不断刷新。编程的重点是将显示信息输入到 LCD12864 显示模块的 DDRAM 存储器中,即可正常显示。LCD12864 显示程序代码如下。

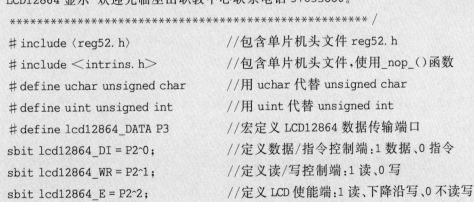

LCD12864显示

```
/***************************************************
LCD12864(不带字库)显示程序
一、电路连接
(1)LCD12864 显示模块 JD1 接口连接单片机 P3 端口;
(2)LCD12864 显示模块 JD2 接口连接单片机 P2 端口。
二、程序功能
LCD12864 显示"欢迎光临巫山职教中心联系电话 57653880。"
***************************************************/
#include <reg52.h>           //包含单片机头文件 reg52.h
#include <intrins.h>         //包含单片机头文件,使用_nop_()函数
#define uchar unsigned char  //用 uchar 代替 unsigned char
#define uint unsigned int    //用 uint 代替 unsigned int
#define lcd12864_DATA P3     //宏定义 LCD12864 数据传输端口
sbit lcd12864_DI = P2^0;     //定义数据/指令控制端:1 数据、0 指令
sbit lcd12864_WR = P2^1;     //定义读/写控制端:1 读,0 写
sbit lcd12864_E = P2^2;      //定义 LCD 使能端:1 读、下降沿写、0 不读写
sbit lcd12864_CS1 = P2^3;    //定义左半屏片选信号
```

```c
    sbit lcd12864_CS2 = P2^4;              //定义右半屏片选信号
//==========   定义数组,存储16×16点阵汉字字模代码   ========== //
    uchar code lcd12864_hzk[] =
    {
        /*--文字:欢--*/
        /*--宋体12;此字体下对应的点阵为:宽×高=16×16--*/
        0x04,0x24,0x44,0x84,0x64,0x9C,0x40,0x30,0x0F,0xC8,0x08,0x08,0x28,
0x18,0x00,0x00,
        0x10,0x08,0x06,0x01,0x82,0x4C,0x20,0x18,0x06,0x01,0x06,0x18,0x20,
0x40,0x80,0x00,
        /*--文字:迎--*/
        /*--宋体12;此字体下对应的点阵为:宽×高=16×16--*/
        0x40,0x40,0x42,0xCC,0x00,0x00,0xFC,0x04,0x02,0x00,0xFC,0x04,0x04,
0xFC,0x00,0x00,
        0x00,0x40,0x20,0x1F,0x20,0x40,0x4F,0x44,0x42,0x40,0x7F,0x42,0x44,
0x43,0x40,0x00,
        /*--文字:光--*/
        /*--宋体12;此字体下对应的点阵为:宽×高=16×16--*/
        0x40,0x40,0x42,0x44,0x58,0xC0,0x40,0x7F,0x40,0xC0,0x50,0x48,0x46,
0x40,0x40,0x00,
        0x80,0x80,0x40,0x20,0x18,0x07,0x00,0x00,0x00,0x3F,0x40,0x40,0x40,
0x40,0x78,0x00,
        /*--文字:临--*/
        /*--宋体12;此字体下对应的点阵为:宽×高=16×16--*/
        0x00,0xF8,0x00,0x00,0xFF,0x40,0x20,0x18,0x0F,0x18,0x68,0x08,0x08,
0x08,0x08,0x00,
        0x00,0x1F,0x00,0x00,0xFF,0x00,0x00,0x7F,0x21,0x21,0x3F,0x21,0x21,
0x7F,0x00,0x00,
        /*--文字:巫--*/
        /*--宋体12;此字体下对应的点阵为:宽×高=16×16--*/
        0x00,0x04,0x04,0xE4,0x04,0x04,0x04,0xFC,0x04,0x04,0x04,0xE4,0x04,
0x04,0x00,0x00,
        0x48,0x44,0x43,0x40,0x43,0x4C,0x40,0x7F,0x48,0x44,0x43,0x40,0x43,
0x4C,0x40,0x00,
        /*--文字:山--*/
        /*--宋体12;此字体下对应的点阵为:宽×高=16×16--*/
        0x00,0x00,0xF0,0x00,0x00,0x00,0x00,0xFF,0x00,0x00,0x00,0x00,0xF0,
0x00,0x00,0x00,
```

0x00,0x00,0x3F,0x20,0x20,0x20,0x20,0x3F,0x20,0x20,0x20,0x20,0x7F,
0x00,0x00,0x00,

/*--文字:职--*/
/*--宋体12;此字体下对应的点阵为:宽×高=16×16--*/
0x02,0x02,0xFE,0x92,0x92,0xFE,0x02,0x02,0xFC,0x04,0x04,0x04,0x04,
0xFC,0x00,0x00,

0x08,0x18,0x0F,0x08,0x04,0xFF,0x04,0x80,0x63,0x19,0x01,0x01,0x09,
0x33,0xC0,0x00,

/*--文字:教--*/
/*--宋体12;此字体下对应的点阵为:宽×高=16×16--*/
0x20,0xA4,0xA4,0xA4,0xFF,0xA4,0xB4,0x28,0x84,0x70,0x8F,0x08,0x08,
0xF8,0x08,0x00,

0x04,0x0A,0x49,0x88,0x7E,0x05,0x04,0x84,0x40,0x20,0x13,0x0C,0x33,
0x40,0x80,0x00,

/*--文字:中--*/
/*--宋体12;此字体下对应的点阵为:宽×高=16×16--*/
0x00,0x00,0xF0,0x10,0x10,0x10,0x10,0xFF,0x10,0x10,0x10,0x10,0xF0,
0x00,0x00,0x00,

0x00,0x00,0x0F,0x04,0x04,0x04,0x04,0xFF,0x04,0x04,0x04,0x04,0x0F,
0x00,0x00,0x00,

/*--文字:心--*/
/*--宋体12;此字体下对应的点阵为:宽×高=16×16--*/
0x00,0x00,0x80,0x00,0x00,0xE0,0x02,0x04,0x18,0x00,0x00,0x00,0x40,
0x80,0x00,0x00,

0x10,0x0C,0x03,0x00,0x00,0x3F,0x40,0x40,0x40,0x40,0x40,0x78,0x00,
0x01,0x0E,0x00,

/*--文字:联--*/
/*--宋体12;此字体下对应的点阵为:宽×高=16×16--*/
0x02,0xFE,0x92,0x92,0xFE,0x02,0x00,0x10,0x11,0x16,0xF0,0x14,0x13,
0x10,0x00,0x00,

0x10,0x1F,0x08,0x08,0xFF,0x04,0x81,0x41,0x31,0x0D,0x03,0x0D,0x31,
0x41,0x81,0x00,

/*--文字:系--*/
/*--宋体12;此字体下对应的点阵为:宽×高=16×16--*/
0x00,0x00,0x22,0x32,0x2A,0xA6,0xA2,0x62,0x21,0x11,0x09,0x81,0x01,
0x00,0x00,0x00,

0x00,0x42,0x22,0x13,0x0B,0x42,0x82,0x7E,0x02,0x02,0x0A,0x12,0x23,
0x46,0x00,0x00,

/*--文字:电--*/
/*--宋体12;此字体下对应的点阵为:宽×高=16×16--*/
0x00,0x00,0xF8,0x88,0x88,0x88,0x88,0xFF,0x88,0x88,0x88,0x88,0xF8,0x00,0x00,0x00,
0x00,0x00,0x1F,0x08,0x08,0x08,0x08,0x7F,0x88,0x88,0x88,0x88,0x9F,0x80,0xF0,0x00,

/*--文字:话--*/
/*--宋体12;此字体下对应的点阵为:宽×高=16×16--*/
0x40,0x40,0x42,0xCC,0x00,0x00,0x20,0x24,0x24,0x24,0xFE,0x22,0x23,0x22,0x20,0x00,
0x00,0x00,0x00,0x7F,0x20,0x10,0x00,0xFE,0x42,0x42,0x43,0x42,0x42,0xFE,0x00,0x00
};
// ==========   定义数组,存储8×16点阵数字、英文字母等字符字模代码   ========== //
uchar code lcd12864_ezk[] =
{
/*--文字:0--*/
/*--宋体12;此字体下对应的点阵为:宽×高=8×16--*/
0x00,0xE0,0x10,0x08,0x08,0x10,0xE0,0x00,0x00,0x0F,0x10,0x20,0x20,0x10,0x0F,0x00,

/*--文字:1--*/
/*--宋体12;此字体下对应的点阵为:宽×高=8×16--*/
0x00,0x10,0x10,0xF8,0x00,0x00,0x00,0x00,0x00,0x20,0x20,0x3F,0x20,0x20,0x00,0x00,

/*--文字:2--*/
/*--宋体12;此字体下对应的点阵为:宽×高=8×16--*/
0x00,0x70,0x08,0x08,0x08,0x88,0x70,0x00,0x00,0x30,0x28,0x24,0x22,0x21,0x30,0x00,

/*--文字:3--*/
/*--宋体12;此字体下对应的点阵为:宽×高=8×16--*/
0x00,0x30,0x08,0x88,0x88,0x48,0x30,0x00,0x00,0x18,0x20,0x20,0x20,0x11,0x0E,0x00,

/*--文字:4--*/
/*--宋体12;此字体下对应的点阵为:宽×高=8×16--*/
0x00,0x00,0xC0,0x20,0x10,0xF8,0x00,0x00,0x00,0x07,0x04,0x24,0x24,0x3F,0x24,0x00,

/*--文字:5--*/

/*--宋体12;此字体下对应的点阵为:宽×高=8×16--*/
    0x00,0xF8,0x08,0x88,0x88,0x08,0x08,0x00,0x00,0x19,0x21,0x20,0x20,
0x11,0x0E,0x00,
    /*--文字:6--*/
    /*--宋体12;此字体下对应的点阵为:宽×高=8×16--*/
    0x00,0xE0,0x10,0x88,0x88,0x18,0x00,0x00,0x00,0x0F,0x11,0x20,0x20,
0x11,0x0E,0x00,
    /*--文字:7--*/
    /*--宋体12;此字体下对应的点阵为:宽×高=8×16--*/
    0x00,0x38,0x08,0x08,0xC8,0x38,0x08,0x00,0x00,0x00,0x00,0x3F,0x00,
0x00,0x00,0x00,
    /*--文字:8--*/
    /*--宋体12;此字体下对应的点阵为:宽×高=8×16--*/
    0x00,0x70,0x88,0x08,0x08,0x88,0x70,0x00,0x00,0x1C,0x22,0x21,0x21,
0x22,0x1C,0x00,
    /*--文字:9--*/
    /*--宋体12;此字体下对应的点阵为:宽×高=8×16--*/
    0x00,0xE0,0x10,0x08,0x08,0x10,0xE0,0x00,0x00,0x00,0x31,0x22,0x22,
0x11,0x0F,0x00
};
/**
                    写指令到LCD函数
函数功能:将指令"com"写入LCD。
**/
void lcd12864_write_cmd(uchar com)
{
    lcd12864_WR = 0;   //设置LCD为写指令工作状态
    lcd12864_DI = 0;
    lcd12864_E = 0;
    lcd12864_DATA = com;   //将指令发送到LCD输入端口
    lcd12864_E = 1;   //准备产生"E"信号下降沿,写入指令
    nop();   //短暂延时,稳定信号
    nop();
    lcd12864_E = 0;   //产生"E"信号下降沿,写入指令
}
/**
                    写数据到LCD函数
函数功能:将数据"dat"写入LCD。

```
                  ************************************************************/
void lcd12864_write_data(uchar dat)
{
    lcd12864_WR = 0;                  //设置LCD为写数据工作状态
    lcd12864_DI = 1;
    lcd12864_E = 0;
    lcd12864_DATA = dat;              //将写入数据发送LCD输入端口
    lcd12864_E = 1;                   //准备产生"E"信号下降沿
    _nop_();                          //短暂延时,稳定信号
    _nop_();
    lcd12864_E = 0;                   //产生"E"信号下降沿,写入数据
}
/************************************************************
                         选屏函数
函数功能:screen = 1,选中左半屏;screen = 2,选中右半屏;
        screen = 3,同时选中左右半屏。
*************************************************************/
void lcd12864_set_screen(uchar screen)
{
    switch(screen)
    {
        case 1:lcd12864_CS2 = 0;lcd12864_CS1 = 1;break;
        case 2:lcd12864_CS2 = 1;lcd12864_CS1 = 0;break;
        case 3:lcd12864_CS2 = 1;lcd12864_CS1 = 1;break;
    }
}
/************************************************************
                      设置显示页函数
函数功能:设置显示页。page取值范围是0~7。
*************************************************************/
void lcd12864_set_page(uchar page)
{
    page |= 0xb8;                     //设置页地址的指令为10111???
    lcd12864_write_cmd(page);         //写入页地址
}
/************************************************************
                    设置显示起始列函数
函数功能:设置显示起始列。column取值范围是0~63。
```

```c
****************************************************************/
void lcd12864_set_column(uchar column)
{
    column| = 0x40;                      //设置列地址的指令为 01??????
    lcd12864_write_cmd(column);          //写入显示起始列地址
}
/****************************************************************
                       设置显示起始行函数
函数功能:设置显示起始行。line 取值范围是 0～63。
****************************************************************/
void lcd12864_set_line(uchar line)
{
    line| = 0xc0;                        //设置显示起始行的指令为 11??????
    lcd12864_write_cmd(line);            //写入显示起始行
}
/****************************************************************
                       开关 LCD 显示函数
函数功能:开关 LCD 显示,0 关、1 开。
****************************************************************/
void lcd12864_set_onoff(uchar onoff)
{
    onoff| = 0x3e;                       //开关显示的指令为 0011111?
    lcd12864_write_cmd(onoff);           //写入开关 LCD 显示指令
}
/****************************************************************
                          清屏函数
函数功能:清除屏幕显示内容。screen=1,清除左半屏内容;
screen=2,清除右半屏内容;screen=3,同时清除左右半屏内容。
****************************************************************/
void lcd12864_clear(uchar screen)
{
    uchar i,j;                           //定义 for 循环控制变量
    lcd12864_set_screen(screen);         //选择清除屏幕
    for(i=0;i<8;i++)                     //清屏 0～7 页
    {
        lcd12864_set_page(i);            //选择页
        lcd12864_set_column(0);          //选择第 0 列
        for(j=0;j<64;j++)                //清屏 1 页
```

```c
        {
            lcd12864_write_data(0x00);   //写入数据0x00,实现清屏
        }
    }
}
/******************************************************************
                    LCD12864 初始化函数
函数功能:初始化 LCD12864。开显示、清屏,设置显示起始行为 0。
****************************************************************** /
void lcd12864_init(    )
{
    lcd12864_set_screen(3);        //同时选中左右两屏
    lcd12864_set_onoff(0);         //关显示
    lcd12864_clear(3);             //清除左右屏幕内容
    lcd12864_set_line(0);          //设置显示起始行为:0
    lcd12864_set_onoff(1);         //开显示
}
/******************************************************************
                    16×16 点阵图形显示函数
函数功能:在指定位置显示 1 个 16×16 点阵图形。
screen 设置"屏"参数,page 设置"页"参数,column 设置"列"参数,
number 为 lcd12864_hzk[]数组中汉字序号(从 0 开始),确定显示内容。
****************************************************************** /
void lcd12864_display_hz(uchar screen,uchar page,uchar column,uchar number)
{
    int n;                         //定义变量,控制 for 循环次数
    lcd12864_set_screen(screen);   //设置显示屏幕(左半屏、右半屏、左右两屏)
    lcd12864_set_page(page);       //设置显示页
    column = column&0x3f;          //生成列地址(0~63)
    lcd12864_set_column(column);   //设置显示起始列
    for(n = 0;n<16;n++)            //显示上半部分图形
    {
        lcd12864_write_data(lcd12864_hzk[n+32*number]);    //输入显示数据
    }
    lcd12864_set_page(page+1);     //修改显示页(显示页+1)
    lcd12864_set_column(column);   //设置显示起始列
    for(n = 0;n<16;n++)            //显示下半部分图形
    {
```

```c
    lcd12864_write_data(lcd12864_hzk[n + 32 * number + 16]);  //输入显示数据
  }
}
/ *****************************************************************
                    8×16 点阵图形显示函数
函数功能:在指定位置显示 1 个 8×16 点阵图形。
screen 设置"屏"参数,page 设置"页"参数,column 设置"列"参数,
number 与 lcd12864_ezk[]数组联用,确定显示内容。
 ***************************************************************** /
void lcd12864_display_en(uchar screen,uchar page,uchar column,uchar number)
{
  int n;                           //定义变量,控制 for 循环次数
  lcd12864_set_screen(screen);     //设置显示屏幕(左半屏、右半屏、左右两屏)
  lcd12864_set_page(page);         //设置显示页
  column = column&0x3f;            //生成列地址
  lcd12864_set_column(column);     //设置显示起始列
  for(n = 0;n<8;n + +)             //显示上半部分图形
  {
    lcd12864_write_data(lcd12864_ezk[n + 16 * number]);     //输入显示数据
  }
  lcd12864_set_page(page + 1);     //修改显示页(显示页 + 1)
  lcd12864_set_column(column);     //设置显示起始列
  for(n = 0;n<8;n + +)             //显示下半部分图形
  {
    lcd12864_write_data(lcd12864_ezk[n + 16 * number + 8]);  //输入显示数据
  }
}
void main()                        //主函数
{
  lcd12864_init();                 //初始化 LCD12864
  lcd12864_display_hz(1,0,32,0);   //在左半屏第 0 页 32 列处,显示汉字"欢"
  lcd12864_display_hz(1,0,48,1);   //在左半屏第 0 页 48 列处,显示汉字"迎"
  lcd12864_display_hz(2,0,0,2);    //在右半屏第 0 页 0 列处,显示汉字"光"
  lcd12864_display_hz(2,0,16,3);   //在右半屏第 0 页 16 列处,显示汉字"临"

  lcd12864_display_hz(1,2,16,4);   //在左半屏第 2 页 16 列处,显示汉字"巫"
  lcd12864_display_hz(1,2,32,5);   //在左半屏第 2 页 32 列处,显示汉字"山"
  lcd12864_display_hz(1,2,48,6);   //在左半屏第 2 页 48 列处,显示汉字"职"
```

```
    lcd12864_display_hz(2,2,0,7);      //在右半屏第 2 页 0 列处,显示汉字"教"
    lcd12864_display_hz(2,2,16,8);     //在右半屏第 2 页 16 列处,显示汉字"中"
    lcd12864_display_hz(2,2,32,9);     //在右半屏第 2 页 32 列处,显示汉字"心"

    lcd12864_display_hz(1,6,0,10);     //在左半屏第 6 页 0 列处,显示汉字"联"
    lcd12864_display_hz(1,6,16,11);    //在左半屏第 6 页 16 列处,显示汉字"系"
    lcd12864_display_hz(1,6,32,12);    //在左半屏第 6 页 32 列处,显示汉字"电"
    lcd12864_display_hz(1,6,48,13);    //在左半屏第 6 页 48 列处,显示汉字"话"

    lcd12864_display_en(2,6,0,5);      //在右半屏第 6 页 0 列处,显示字符"5"
    lcd12864_display_en(2,6,8,7);      //在右半屏第 6 页 8 列处,显示字符"7"
    lcd12864_display_en(2,6,16,6);     //在右半屏第 6 页 16 列处,显示字符"6"
    lcd12864_display_en(2,6,24,5);     //在右半屏第 6 页 24 列处,显示字符"5"
    lcd12864_display_en(2,6,32,3);     //在右半屏第 6 页 32 列处,显示字符"3"
    lcd12864_display_en(2,6,40,8);     //在右半屏第 6 页 40 列处,显示字符"8"
    lcd12864_display_en(2,6,48,8);     //在右半屏第 6 页 48 列处,显示字符"8"
    lcd12864_display_en(2,6,56,0);     //在右半屏第 6 页 56 列处,显示字符"0"
    while(1);
}
```

 项目评价

评价项目		评价标准	配分	学生自评	同学互评	老师点评	总评
职业素养	设备交接	使用前不按要求清点设备扣2分;离开前不按要求清点和还原设备摆放扣3分;不认真参与实训,做与实训无关的事或大声喧哗等一次扣2分;操作过程中人为损坏设备扣15分;计算机未正确关机扣2分;试验箱未摆放到位扣2分;导线未整理扣2分;桌凳未摆放整齐扣2分;工位上未清扫干净扣2分;扣完为止	20分				
	规范操作						
	实训纪律						
	清洁保持						
知识与能力	12864液晶显示屏的结构划分	能说出12864液晶显示屏的屏、页、行、列,错一个扣2分	10分				
	了解12864液晶屏的7条指令	能说出7条指令对应的功能,错一条扣1分	10分				
	显示模块与CPU模块的电路连接	能辨别有效的13个端子(JD1:1~8;JD2:1~5)的功能作用,错一个扣1分	15分				
	理解程序结构	能说出每个子函数的功能,错一个扣3分	15分				
	理解程序中每一条语句	能叙述每个变量表示的含义、取值范围;能说出每一条语句的功能。随机抽问,错一次扣5分,扣完为止	15分				
汇报展示	作品展示	正确显示实训题材,不显示扣10分	15分				
	语言表达	说出每个字的显示位置,错一个扣3分					
总分							

注:总评=自评×30%+互评×30%+点评×40%。

学习笔记

拓展习题

一、选择题

1. 12864 液晶屏最多能显示（　　）个像素点。
A. 12864　　　　B. 8192　　　　C. 12800　　　　D. 6400

2. 12864 液晶屏的像素点是（　　）点亮。
A. 高电平　　　　　　　　　　　B. 低电平
C. 用软件设置高电平或低电平　　D. 用拨码开关设置高电平或低电平

3. 12864 液晶显示屏实训模块上面有一个可调电阻，是用来调节显示屏的（　　）。
A. 输入电源的电压　　　　　　　B. 色彩饱和度
C. 音量　　　　　　　　　　　　D. 对比度

4. 如果要在右屏左上角开始显示一个汉字，那么片选信号 CS1、片选信号 CS2、起始页 page、起始列序号 column 的值分别为（　　）。
A. 0、2、0、0　　　　　　　　　B. 0、2、0、64
C. 0、1、0、0　　　　　　　　　D. 0、1、1、1

二、判断题

1. 12864 液晶显示屏显示点有 128 行 64 列。（　　）

2. 给 12864 液晶显示模块的接口 JD2 的第 4 号端子接高电平，第 5 号端子接低电平（置 0），则左半屏不能显示，右半屏能显示。（　　）

3. 12864 液晶屏只能用来显示文字，不能显示图像。（　　）

4. 12864 液晶屏的显示需要单片机不停地动态刷新显示数据，就像 LED 动态显示一样。（　　）

三、填空题

1. 12864 液晶显示屏从物理结构上被分为_____两个半屏，每个半屏又从上到下均分成_____页，每一页有_____行，每一行有_____个点（列）。

2. 12864 液晶显示屏的控制指令由_____位二进制数组成。

3. 在实训箱中，12864 液晶显示模块与 CPU 模块之间通过两条 8 针的排线连接，12864 模块上面的接口为_____和_____，其中 JD1 的 8 个端子顺次连接显示屏的 8 个数据传输端子_____、_____、_____、_____、

_____、_____、_____、_____，JD2 的第 1~5 个端子连接显示屏的 5 个功能端子依次是_____（数据类型控制）、_____（读写控制）、_____（读写使能）、_____（左半屏片选）、_____（右半屏片选）。

4. 设变量 column 的初始值为 15，则执行语句"column | =0x40"之后，column 的值用二进制表示为_____。

四、综合题

1. 分析以下清屏函数，当 screen 的值分别为 1、2、3 时，该函数执行一次，向显示屏的存储器分别传送了多少次 0x00？

```
/*****************************************************************
                        清屏函数
函数功能:清除屏幕显示内容。screen=1,清除左半屏内容;
screen=2,清除右半屏内容;screen=3,同时清除左右半屏内容。
*****************************************************************/
void lcd12864_clear(uchar screen)
{
  uchar i,j;                         //定义 for 循环控制变量
  lcd12864_set_screen(screen);       //选择清除屏幕
  for(i=0;i<8;i++)                   //清屏 0~7 页
  {
    lcd12864_set_page(i);            //选择页
    lcd12864_set_column(0);          //选择第 0 列
    for(j=0;j<64;j++)                //清屏 1 页
    {
      lcd12864_write_data(0x00);     //写入数据 0x00,实现清屏
    }
  }
}
```

2. 仔细阅读本项目任务三的程序，将显示内容替换成其他内容，尝试编写程序并下载运行。

模块四

综合应用

▎模块描述

　　本模块主要以控制直流电动机运转和秒表设计为重点,首先介绍电动机控制电路和秒表电路的工作原理,然后围绕着中断系统的结构和工作流程进行阐述,最后运用天煌版单片机实验箱完成控制直流电动机运转程序设计和秒表程序设计。本模块为灵活使用键盘结合中断系统处理程序的综合应用。

项目八

控制直流电动机运转

知识目标

1. 理解中断的基本概念；
2. 理解51单片机中断系统的结构和特点；
3. 熟悉51单片机中断系统的处理过程和方法；
4. 理解直流电动机运转的程序设计方法。

能力目标

1. 学会使用中断方式对外部事件进行中断处理；
2. 能根据电动机控制电路工作原理在天煌版单片机实验箱完成电动机运转控制程序设计案例。

素质目标

1. 培养信息素养、安全意识；
2. 启发创新思维和解决、分析问题的能力与方法；
3. 培养良好的语言文字表达能力。

项目描述

本项目是控制直流电动机运转，分为3个任务：搭建控制电路、认识中断和编写电动机控制程序。首先分析电动机控制电路工作原理，然后介绍中断系统的结构和特点，最后编写电动机运转控制程序，由浅入深，层层递进，可使读者更进一步理解电动机控制模块、键盘接口模块和直流电动机运转的程序功能。

任务一 搭建控制电路

一、电动机控制电路工作原理

天煌 THMEDP-2 型单片机技术实训箱的直流电动机控制电路如图 4-1 所示。

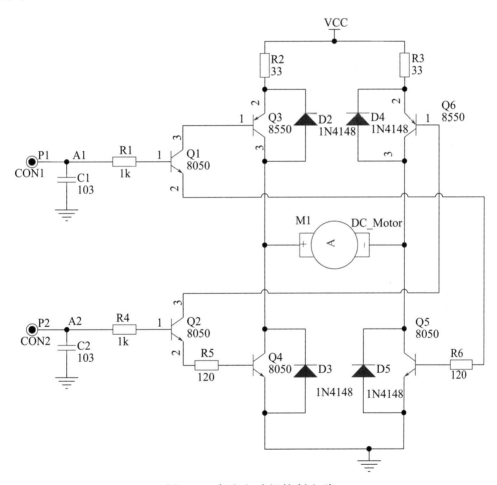

图 4-1 直流电动机控制电路

直流电动机控制电路有 CON1、CON2 两个接口：CON1 端输入高电平且 CON2 端输入低电平时，电动机顺时针转动；反之，CON1 端输入低电平且 CON2 端输入高电平时，电动机逆时针转动；两端同时输入低电平，电动机不转。

二、电动机控制电路连接

1. 电动机控制模块

CON1 接口，连接单片机 P10 端口；CON2 接口，连接单片机 P11 端口。

2. 键盘接口模块

（1）KEY0 连接单片机 P20 端口，KEY1 连接单片机 P21 端口，KEY2 连接单片机 P22 端口；

（2）KEY4 连接单片机 P32（INT0）端口，KEY5 连接单片机 P33（INT1）端口。

三、电动机控制电路功能设计

1. 电路功能

（1）按独立按键 KEY0，电动机顺时针旋转；

（2）按独立按键 KEY1，电动机逆时针旋转；

（3）按独立按键 KEY2，电动机停转；

（4）按独立按键 KEY4，电动机减速旋转；

（5）按独立按键 KEY5，电动机加速旋转。

2. 设计要求

（1）独立按键 KEY0~KEY2 采用普通的键盘检测函数检测；

（2）独立按键 KEY4、KEY5 采用外部中断函数检测。

任务二　认识中断

一、什么是中断

在现实生活中，经常会出现这样的情况：你正在看书，电话铃声突然响起，于是你停止看书、接听电话，等电话接听完之后，再继续看书。在这个过程中，就发生了一次"看书"中断，"电话"是中断源。

在单片机内部，也有类似的情况出现：CPU 正在处理某个事件时（如显示数据），忽然有另外的"紧急事件"发生，要求 CPU 尽快处理。于是，CPU 暂停当前的工作，去处理刚刚发生的紧急事件，待紧急事件处理完后再回到原来的地方，继续原来的工作，这个过程就叫中断。

二、中断源

能够产生中断请求的硬件或软件资源称为中断源。在 51 单片机里，有 5

个中断源：两个外部中断源、两个定时/计数中断源和一个串行中断源。

两个外部中断源是外部中断0（INT0）和外部中断1（INT1）。单片机P32引脚是外部中断0的请求信号输入端；P33引脚是外部中断1的请求信号输入端。

两个定时/计数中断源是定时/计数器T0中断和定时/计数器T1中断。单片机P34引脚是定时/计数器T0中断的外部计数脉冲信号输入端；P35引脚是定时/计数器T1中断的外部计数脉冲信号输入端。

在C51语言中，为了便于编写中断程序，C51为每个中断源设置了一个中断调用号，如表4-1所示。

表4-1 中断调用号

中断源	中断调用号	中断源	中断调用号
外部中断0	0	定时/计数器中断T1	3
定时/计数器中断T0	1	串行中断	4
外部中断1	2		

三、中断寄存器

为了保证中断顺利进行，在单片机内部设计了两个中断寄存器：中断允许寄存器IE和中断请求标志寄存器TCON。在编写单片机中断程序之前，必须熟练掌握。

1. 中断允许寄存器IE

中断允许寄存器IE是一个可以进行位操作的八位寄存器，用于允许或禁止使用中断操作。中断允许寄存器IE的每一位都有一个"位标志"，并赋予特定的含义，如表4-2所示。

表4-2 IE寄存器位标志及功能

位序号	位标志	功能	功能说明
D7	EA	全局中断控制位	EA=1,允许使用单片机中断 EA=0,禁止使用单片机中断
D6	—	—	—
D5	—	—	—
D4	ES	串行中断控制位	ES=1,允许使用串行中断 ES=0,禁止使用串行中断
D3	ET1	定时/计数器T1控制位	ET1=1,允许定时/计数器T1产生中断 ET1=0,禁止定时/计数器T1产生中断
D2	EX1	外部中断1控制位	EX1=1,允许使用外部中断1 EX1=0,禁止使用外部中断1

续表

位序号	位标志	功能	功能说明
D1	ET0	定时/计数器 T0 控制位	ET0=1,允许定时/计数器 T0 产生中断 ET0=0,禁止定时/计数器 T0 产生中断
D0	EX0	外部中断 0 控制位	EX0=1,允许使用外部中断 0 EX0=0,禁止使用外部中断 0

IE 寄存器默认值为 0x00,禁止使用中断。因此,要使用中断,可以使用"寄存器操作"或"位操作",使 IE 寄存器的对应位为 1,如:

IE=0x81:将 EA 和 EX0 同时置 1,允许使用单片机中断和外部中断 0。

EA=0:将 EA 置 0,禁止使用单片机中断。

ET0=1:将 ET0 置 1,允许定时/计数器 T0 产生中断。

2. 中断请求标志寄存器 TCON

寄存器 TCON 是用于标志定时器中断和外部中断执行状态的寄存器。与寄存器 IE 一样,寄存器 TCON 也可以进行位操作,并定义了"位标志",如表 4-3 所示。

表 4-3 TCON 寄存器位标志及功能

位序号	位标志	功能	功能说明
D7	TF1	定时器 1 溢出标志位	定时器 1 溢出时,TF1=1;响应中断后,TF1=0 TF1 置 1 或置 0,由硬件自动完成
D6	TR1	定时器 1 运行控制位	TR1=1,启动定时器 1 运行 TR1=0,停止定时器 1 运行
D5	TF0	定时器 0 溢出标志位	定时器 0 溢出时,TF0=1;响应中断后,TF0=0 TF0 置 1 或置 0,由硬件自动完成
D4	TR0	定时器 0 运行控制位	TR0=1,启动定时器 0 运行 TR0=0,停止定时器 0 运行
D3	IE1	外部中断 1 请求标志位	外部中断 1 触发时,IE1=1;响应外部中断后,IE1=0 IE1 置 1 或置 0,由硬件自动完成
D2	IT1	外部中断 1 触发方式选择位	IT1=1,外部中断 1 为下降沿触发 IT1=0,外部中断 1 为低电平触发
D1	IE0	外部中断 0 请求标志位	外部中断 0 触发时,IE0=1;响应外部中断后,IE0=0 IE0 置 1 或置 0,由硬件自动完成
D0	IT0	外部中断 0 触发方式选择位	IT0=1,外部中断 0 为下降沿触发 IT0=0,外部中断 0 为低电平触发

四、外部中断使用的基本步骤

步骤 1: 设置外部中断的触发方式。下降沿触发,设置 IT0=1、IT1=

1；低电平触发，设置 IT0＝0、IT1＝0。

步骤 2： 开启外部中断 INT0、INT1。设置 EX0＝1、EX1＝1。

步骤 3： 总中断控制位置"1"，允许中断产生。设置 EA＝1。

步骤 4： 编写外部中断子程序。

中断子程序是中断产生后，系统调用的程序，其格式如下：

```
函数类型 函数名(形式参数)interrupt 中断调用号
{
   语句块；
}
```

中断子程序示例：

```
void int0_add()interrupt 0        //外部中断 0 的中断子程序
{
    EX0 = 0;                      //关闭 INT0 中断
    num++;                        //变量 num 加 1
    EX0 = 1;                      //开启 INT0 中断
}
```

程序功能是：每产生一次 INT0 中断，变量 num 的值加 1。

任务三 编写电动机控制程序

在电动机控制程序中，使用到了 KEY0～KEY2、KEY4、KEY5 五个独立按钮。具体程序代码如下：

```
/************************************************************
                  直流电动机调速控制程序
一、电路连接
1. 电动机控制模块
CON1 连接 P10 端口,CON2 连接 P11 端口；
2. 键盘接口模块
(1)KEY0 连接 P20 端口,KEY1 连接 P21 端口,KEY2 连接 P22 端口；
(2)KEY4 连接 P32(INT0)端口,KEY5 连接 P33(INT1)端口。
二、程序功能
(1)按 KEY0 键,电动机顺时针旋转(正转)；
(2)按 KEY1 键,电动机逆时针旋转(反转)；
(3)按 KEY2 键,电动机停转；
(4)按 KEY4 键,电动机减速旋转；
(5)按 KEY5 键,电动机加速旋转。
*************************************************************/
```

直流电动机
调速控制

```c
#include <reg52.h>                      //包含单片机头文件 reg52.h
#define uchar unsigned char             //用 uchar 代替 unsigned char
#define uint unsigned int               //用 uint 代替 unsigned int
#define key_8_GPIO P2                   //宏定义键盘连接端口
sbit motor_CON1 = P1^0;                 //定义电动机控制端口变量
sbit motor_CON2 = P1^1;
uchar motor_Dir = 0;                    //电动机控制:0 不转,1 正转,2 反转
uchar motor_PWM_H;                      //调速脉冲高电平宽度变量
uchar motor_PWM_L;                      //调速脉冲低电平宽度变量
uchar keycode_8;                        //定义变量,保存键盘扫描值
/***********************************************************
定义一个延时函数,延时 time_ms 毫秒
time_ms 的取值范围为 0~65535
***********************************************************/
void delay_ms(unsigned int time_ms)
{
    unsigned char n;                    //定义一个变量,控制 for 循环次数
    while(time_ms--)                    //使用条件循环语句,控制延时时间
    {
        for(n=0;n<115;n++);             //执行空语句,延时 1ms
    }
}
/***********************************************************
                独立按键键盘扫描函数
1. 独立按键连接宏定义的 key_8_GPIO 端口
2. 返回一个 8 位无符号二进制数
(1)无按键按下,返回值为 0x07;
(2)KEY0 按下,返回值为 0x06;
(3)KEY1 按下,返回值为 0x05;
(4)KEY2 按下,返回值为 0x03。
***********************************************************/
unsigned char keyscan_8()
{
    unsigned char key_8;                //定义变量,临时保存键盘扫描值
    key_8 = key_8_GPIO&0x07;            //获取 KEY0~KEY2 按键信息
    if(key_8! = 0x07)                   //判断有无按键按下
    {
        delay_ms(10);                   //延时 10ms,去抖动
        key_8 = key_8_GPIO&0x07;        //再次获取 KEY0~KEY2 按键信息
        if(key_8! = 0x07)               //确认是否有按键按下
        {
```

```c
      return key_8;                    //返回键盘扫描值
    }
  }
  return 0x07;                         //返回0x07,表示无按键按下
}
/**************    电动机控制程序    *****************/
void motor_PWM(void)
{
  if(motor_Dir == 0)                   //电动机不转
  {
    motor_CON1 = 0;                    //电动机不转
    motor_CON2 = 0;
  }
  if(motor_Dir == 1)                   //电动机正转
  {
    motor_CON1 = 0;                    //电动机停转
    motor_CON2 = 0;
    delay_ms(motor_PWM_L);             //控制停转时间
    motor_CON2 = 1;                    //电机正转
    delay_ms(motor_PWM_H);             //控制正转时间
  }
  if(motor_Dir == 2)                   //电动机反转
  {
    motor_CON1 = 0;                    //电动机停转
    motor_CON2 = 0;
    delay_ms(motor_PWM_L);             //控制停转时间
    motor_CON1 = 1;                    //电动机反转
    delay_ms(motor_PWM_H);             //控制反转时间
  }
}
void main(void)                        //主函数
{
  uchar key_8;                         //定义变量,保存按键值
  motor_CON1 = 0;                      //设置电动机初始状态,不转
  motor_CON2 = 0;
  motor_PWM_H = 20;                    //设置电动机运转脉冲初值
  motor_PWM_L = 20;
  IT0 = 1;                             //设置外部中断0,下降沿触发
  IT1 = 1;                             //设置外部中断1,下降沿触发
```

```c
    EX0 = 1;                              //开启外部中断 INT0
    EX1 = 1;                              //开启外部中断 INT1
    EA = 1;                               //总中断控制位置"1",允许中断产生
while(1)
{
    key_8 = keyscan_8();                  //调用键盘函数,获取按键值
        if(keycode_8! = key_8&&key_8! = 0x07)    //判断是否有新按键按下
        {
            keycode_8 = key_8;            //保存最新按键状态
        }
        switch(keycode_8)                 //判断按键状态
        {
            case 0x03:motor_Dir = 0;break;    //电动机不转
            case 0x06:motor_Dir = 1;break;    //电动机正转
            case 0x05:motor_Dir = 2;break;    //电动机反转
        }
        motor_PWM();                      //调用函数,控制电动机转动
    }
}
void int0_add()interrupt 0               //外部中断 INT0 子函数
{
    EX0 = 0;                              //关闭外部中断 INT0
    if(motor_PWM_H > 14)                  //减小脉宽,降低转速
    {
        motor_PWM_H = motor_PWM_H-2;
        motor_PWM_L = 40-motor_PWM_H;
    }
    EX0 = 1;                              //打开外部中断 INT0
}
void int0_sub()interrupt 2                //外部中断 INT1 子函数
{
    EX1 = 0;                              //关闭外部中断 INT1
    if(motor_PWM_H < 38)                  //增加脉宽,增加转速
    {
        motor_PWM_H = motor_PWM_H + 2;
        motor_PWM_L = 40-motor_PWM_H;
    }
    EX1 = 1;                              //打开外部中断 INT1
}
```

评价项目		评价标准	配分	学生自评	同学互评	老师点评	总评
职业素养	设备交接	使用前不按要求清点设备扣2分；离开前不按要求清点和还原设备摆放扣3分；不认真参与实训，做与实训无关的事或大声喧哗等一次扣2分；操作过程中人为损坏设备扣15分；计算机未正确关机扣2分；试验箱未摆放到位扣2分；导线未整理扣2分；桌凳未摆放整齐扣2分；工位上未清扫干净扣2分；扣完为止	20分				
	规范操作						
	实训纪律						
	清洁保持						
知识与能力	电动机控制电路工作原理	直流电动机运转控制电路工作原理图	10分				
	中断系统	(1)理解51单片机中断系统的结构和特点； (2)熟悉51单片机中断系统的处理过程和方法； (3)会使用中断方式对外部事件进行中断处理	20分				
	直流电动机运转控制电路的搭建	能根据直流电动机运转程序设计要求，在天煌THMEDP-2型单片机技术实训箱中搭建实验环境	15分				
	编写电动机控制程序	(1)按KEY0键：电动机顺时针旋转； (2)按KEY1键：电动机逆时针旋转； (3)按KEY2键：电动机停转； (4)按KEY4键：电动机减速旋转； (5)按KEY5键：电动机加速旋转	25分				
汇报展示	作品展示	可以为实物作品展示、PPT汇报、简报、作业等形式	10分				
	语言表达	语言流畅，思路清晰					
总分							

注：总评＝自评×30％＋互评×30％＋点评×40％。

学习笔记

一、选择题

1. 分析图 4-1 所示直流电动机控制电路图，在通电状态下，P1 接 5V 电压，P2 接 0V 电压，则导通的三极管有（　　）。
A. Q1、Q2、Q3　　　　　　　　　　B. Q1、Q3、Q5
C. Q2、Q4、Q6　　　　　　　　　　D. Q1、Q3、Q2、Q4

2. 实训中独立按键电路如下图所示，按键 KEY0 松开和按下两种状态下，端口 P0 的电压分别是（　　）。

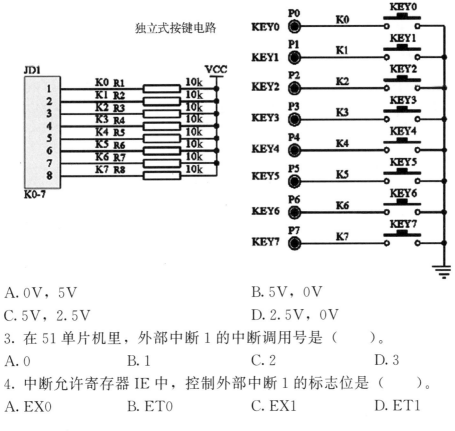

A. 0V，5V　　　　　　　　　　　　B. 5V，0V
C. 5V，2.5V　　　　　　　　　　　D. 2.5V，0V

3. 在 51 单片机里，外部中断 1 的中断调用号是（　　）。
A. 0　　　　B. 1　　　　C. 2　　　　D. 3

4. 中断允许寄存器 IE 中，控制外部中断 1 的标志位是（　　）。
A. EX0　　　B. ET0　　　C. EX1　　　D. ET1

二、判断题

1. 电动机控制模块 CON1 接口、CON2 接口只能分别连接单片机 P10 端口和 P11 端口。（　　）

2. 在 51 单片机中，外部中断 0 的请求信号只能从 P32 输入。（　　）

3. 把中断允许寄存器 IE 中的标志位 EA 置 1，就可以响应所有中断请求。（　　）

4. KEY0 连接 P20 端口，当 KEY0 按下时，P20＝1。（   ）

三、填空题

1. 在键盘接口模块上的独立按键开关，当按下按键后，开关＿＿＿＿；松开按键后，开关＿＿＿＿。

2. 在中断请求标志寄存器 TCON 中，IT0＝1，外部中断 0 为＿＿＿＿触发；IT0＝0，外部中断 0 为＿＿＿＿触发。IE0 是＿＿＿＿请求标志位。

3. 函数定义时，如果后面用"interrupt 2"修饰，那么这个函数是用于响应＿＿＿＿的中断函数。

4. KEY0 连接 P20 端口，KEY1 连接 P21 端口，KEY2 连接 P22 端口；用语句"#define key_8_GPIO P2"宏定义键盘连接端口。那么，当 KEY1 和 KEY2 同时按下时，key_8_GPIO 的值等于＿＿＿＿（用二进制表示）。

四、综合题

1. 试分析任务三独立按键键盘扫描函数中，语句"key_8＝key_8_GPIO&0x07;//获取 KEY0～KEY2 按键信息"的所有可能的运行结果。
＿＿＿＿＿＿＿＿＿＿＿＿＿＿＿＿＿＿＿＿＿＿＿＿＿＿＿＿＿＿＿＿＿＿
＿＿＿＿＿＿＿＿＿＿＿＿＿＿＿＿＿＿＿＿＿＿＿＿＿＿＿＿＿＿＿＿＿＿
＿＿＿＿＿＿＿＿＿＿＿＿＿＿＿＿＿＿＿＿＿＿＿＿＿＿＿＿＿＿＿＿＿＿
＿＿＿＿＿＿＿＿＿＿＿＿＿＿＿＿＿＿＿＿＿＿＿＿＿＿＿＿＿＿＿＿＿＿

2. 任务三的程序中用了 3 个语句打开外部中断允许：

```
EX0 = 1;        //开启外部中断 INT0
EX1 = 1;        //开启外部中断 INT1
EA  = 1;        //总中断控制位置"1"，允许中断产生
```

试用一个语句代替。
＿＿＿＿＿＿＿＿＿＿＿＿＿＿＿＿＿＿＿＿＿＿＿＿＿＿＿＿＿＿＿＿＿＿
＿＿＿＿＿＿＿＿＿＿＿＿＿＿＿＿＿＿＿＿＿＿＿＿＿＿＿＿＿＿＿＿＿＿
＿＿＿＿＿＿＿＿＿＿＿＿＿＿＿＿＿＿＿＿＿＿＿＿＿＿＿＿＿＿＿＿＿＿
＿＿＿＿＿＿＿＿＿＿＿＿＿＿＿＿＿＿＿＿＿＿＿＿＿＿＿＿＿＿＿＿＿＿

项目九

秒表设计

知识目标

1. 掌握 C 语言一维数组的使用方法;
2. 理解数码管的工作原理及静态数码模块和动态数码模块显示原理;
3. 理解定时/计数器的工作过程;
4. 了解 51 初值设定软件。

能力目标

1. 能利用定时/计数器中断编写程序;
2. 能够结合项目实际情况进行键盘电路设计并会编写键盘程序;
3. 能使用定时/计数器结合中断处理程序的综合应用;
4. 通过编写电子秒表程序进行举一反三,理解项目程序并能编写类似程序(如消防机器人速度测定与报警系统)。

素质目标

1. 激发为强国而努力学知识、强技能的使命感和责任感;
2. 培养主动与他人合作的意识,形成良好的沟通能力;
3. 培养细心、严谨的做事态度。

项目描述

本项目从秒表设计任务入手,介绍了秒表电路工作原理、定时中断、51 初值设定软件等,运用 C 语言编程完成按下不同按键可以启动、停止、清零、复位秒表的程序设计,进一步熟悉单片机中定时/计数器结合中断处理程序的综合应用。

项目实施

任务一　搭建秒表电路

秒表显示效果如图 4-2 所示。在秒表设计中，同时使用了动态数码显示模块和静态数码显示模块。

图 4-2　秒表显示效果

动态数码显示模块用于显示"小时--分钟"，DATA 接口连接单片机 P0 端口，BIT 接口连接单片机 P1 端口；静态数码显示模块用于显示"秒数-10 毫秒数"，DIN 接口连接单片机 P20 端口，CLK 接口连接单片机 P21 端口。

独立按键 KEY0 连接 P30 端口，用于启动秒表计时；KEY1 连接 P31 端口，用于停止秒表计时；KEY2 连接 P32 端口，用于清零、复位秒表。

"小时、分钟、秒、10 毫秒"显示数据均为 2 位数，中间用"-"分隔。

任务二　了解定时中断

在 51 系列单片机中，有两个通用定时/计数器 T0 和 T1，它们都可以作为定时器或计数器使用。

一、定时/计数器的组成结构

定时/计数器实际上就是一个 16 位加 1 计数器。如图 4-3 所示，TH0、TL0 是定时/计数器 T0 的计数单元：当 TH0、TL0 从初始值计数到 0xFFFF 时，产生定时/计数器 T0 中断；TH1、TL1 是定时/计数器 T1 的计数单元：当 TH1、TL1 从初始值计数到 0xFFFF 时，产生定时/计数器 T1 中断。

定时/计数器的计数初值通常使用"51 初值设定"软件计算出，然后赋值

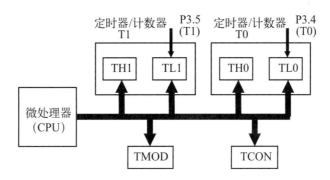

图 4-3 定时/计数器的组成结构示意图

给 TH0、TL0、TH1、TL1。改变 TH0、TL0、TH1、TL1 的计数初始值，就可以改变定时时间的长短。

定时/计数器工作在定时方式时，计数脉冲来自系统时钟，是通过对"固定周期"脉冲个数的统计，实现计时的目的；定时/计数器工作在计数方式时，计数脉冲来自 P3.4、P3.5 的外部输入，是统计外部输入脉冲的个数。

TMOD、TCON 是定时/计数器的控制寄存器，在实际应用中，必须根据定时/计数器要完成的任务，进行正确的设置。

二、定时/计数器工作方式控制寄存器 TMOD

寄存器 TMOD 用于控制定时/计数器 T0、T1 工作方式的寄存器，它的低 4 位用于控制定时/计数器 T0，高 4 位用于控制定时/计数器 T1。寄存器 TMOD 的位标志及功能如表 4-4 所示。

表 4-4 TMOD 寄存器位标志及功能

位序号	位标志	控制对象	功能	功能说明
D7	GATE	定时/计数器 T1	门控制位	GATE=1,定时/计数器 T1 受外部中断 P33 引脚电平控制。外部中断输入引脚 P33 为高电平且 TR1=1 时,定时/计数器 T1 才工作 GATE=0,定时/计数器 T1 不受外部中断引脚电平控制。只要 TR1=1,定时/计数器 T1 就工作
D6	CT		工作模式选择位	CT=0,定时器工作模式 CT=1,计数器工作模式
D5	M1		工作方式选择位	定时/计数器有 4 种工作方式详见表 4-5
D4	M0			

续表

位序号	位标志	控制对象	功能	功能说明
D3	GATE	定时/计数器 T0	门控制位	GATE=1,定时/计数器 T0 受外部中断 P32 引脚电平控制。外部中断输入引脚 P32 为高电平且 TR0=1 时,定时/计数器 T0 才工作 GATE=0,定时/计数器 T0 不受外部中断引脚电平控制。只要 TR0=1,定时/计数器 T0 就工作
D2	CT		工作模式选择位	CT=0,定时器工作模式 CT=1,计数器工作模式
D1	M1		工作方式选择位	定时/计数器有 4 种工作方式详见表 4-5
D0	M0			

如表 4-5 所示,定时/计数器 T0、T1 有 4 种工作方式。在使用定时/计数中断时,必须先确定工作方式,并结合晶振频率、定时时长,使用"51 初值设定"软件计算出定时/计数器的计数初值。

表 4-5 定时/计数器工作方式

M1	M0	工作方式	功能说明
0	0	方式 0	13 位定时/计数器。为兼容早期的单片机而设计,现在一般不使用
0	1	方式 1	16 位定时/计数器。定时时间较长,但不能进行初始计数值的自动重装,不能用于精确定时
1	0	方式 2	8 位定时/计数器。原 16 位计数器的低位字节,用于计数;高位字节,用于保存计数初值。能够自动重装计数初值,常用于精确定时
1	1	方式 3	T0 分成两个 8 位计数器使用,T1 常用作串口通信时的波特率发生器

三、定时/计数器的初始化操作

使用定时/计数器,首先要进行初始化设置,一般按照如下步骤进行。

步骤 1: 设置 TMOD 寄存器。指定定时/计数器的工作模式和工作方式,一般采用直接对 TMOD 寄存器赋值的方法进行。例如:执行语句"TMOD=0x02",即设定定时/计数器 T0 和 T1 工作在定时模式,T0 的工作方式为方式 2,T1 的工作方式为方式 0。

步骤 2: 设置定时时间。根据定时器工作方式、晶振频率、定时时长,使用"51 初值设定"软件,计算出定时/计数器的计数初值,并对 TH0、TL0、TH1、TL1 计数器赋初值。

步骤 3： EA 置 1，打开总中断。

步骤 4： ET0、ET1 置 1，允许定时中断。

步骤 5： TR0、TR1 置 1，启动定时/计数器。

对于定时器的初值 TH0、TL0，TH1、TL1，一般使用"51 初值设定"工具软件计算，下面将在下一任务中讲解。

任务三　了解 51 初值设定软件

在使用定时/计数中断时，需要设置计数初值（即为计数器 TH0、TL0，TH1、TL1 赋初值）。计数器的初值计算，一般采用"51 初值设定"工具软件实现。

启动"51 初值设定"软件后，其操作界面如图 4-4 所示。

图 4-4　"51 初值设定"软件界面

在"51 初值设定"软件窗口中，首先选择定时器工作方式，然后输入晶振频率、定时时长，单击"确定"按钮，即可获得"计数初值"。

例如，定时器中断 0 使用方式 1、晶振频率为 11.0592MHz、定时时长为 10ms，则 TH0、TL0 应赋初值："TH0＝0xdc；TL0＝0x00；"。

任务四　编写秒表程序

在秒表程序中，使用了定时器中断 T0。为了保证计时准确，采用工作方式 2，定时器自动重装初值。另外，为了便于计算，定时器的定时时长取值

0.25ms、40 次中断的总时长为 10ms。

秒表的全部程序代码如下：

/***

秒表程序

一、电路连接

1. 数码管显示模块

(1)动态数码显示：DATA 连接单片机 P0 端口，BIT 连接单片机 P1 端口。

(2)静态数码显示：DIN 连接单片机 P20 端口，CLK 连接单片机 P21 端口。

2. 键盘接口模块

　KEY0 连接 P30 端口，KEY1 连接 P31 端口，KEY2 连接 P32 端口。

二、程序功能

1. 按键功能

(1)按 KEY0 键，启动秒表计时；

(2)按 KEY1 键，停止秒表计时；

(3)按 KEY2 键，清零、复位秒表。

秒表

2. 秒表显示

(1)动态数码管：左 2 位显示"时"、右 2 位显示"分"、中间 2 位显示"-"。

(2)静态数码管：左 2 位显示"秒"、右 2 位显示"10 毫秒"、中间 1 位显示"-"。

***/

```
#include<reg52.h>              //包含单片机头文件 reg52.h
#define uint  unsigned int     //宏定义标识符 uint
#define uchar unsigned char    //宏定义标识符 uchar
#define led_6_data_GPIO P0     //宏定义动态数码显示连接端口
#define led_6_bit_GPIO P1
#define key_8_GPIO P3          //宏定义独立按键键盘连接端口
sbit led_5_DIN = P2^0;         //定义位变量,控制静态数码显示
sbit led_5_CLK = P2^1;
uchar keycode_8 = 0x07;        //定义变量,保存按键扫描值
uchar time_hour = 0;           //定义变量,存储秒表小时数
uchar time_min = 0;            //定义变量,存储秒表分钟数
uchar time_s = 0;              //定义变量,存储秒表秒数
uchar time_ms = 0;             //定义变量,存储秒表"10 毫秒"数
uchar time_num = 0;            //定义变量,临时计时变量
/****************************************************
            定义静态数码显示数组
led_5_tab[],存储共阴极数码管显示段码表:0123456789-
led_5_data[],存储静态数码管显示内容,初始值为"00-00"
```

**/
```c
uchar code led_5_tab[] =
{
  0x3F,0x06,0x5b,0x4f,0x66,0x6d,0x7d,0x07,0x7F,0x6F,0x40
};
uchar led_5_data[] = {0,0,10,0,0};
```
/**

定义动态数码显示数组

led_6_tab[],存储共阴极数码管显示段码表:0123456789-
led_6_bit[],存储动态数码管显示位码表
led_6_data[],存储动态数码管显示内容,初始值为"00--00"
**/
```c
uchar code led_6_tab[] =
{
  0x3f,0x06,0x5b,0x4f,0x66,0x6d,0x7d,0x07,0x7F,0x6F,0x40
};
uchar code led_6_bit[] = {0x20,0x10,0x08,0x04,0x02,0x01};
uchar led_6_data[] = {0,0,10,10,0,0};
```
/**

定义一个延时函数,延时 time_ms 毫秒
time_ms 的取值范围为 0~65535
**/
```c
void delay_ms(uint time_ms)
{
  uchar n;                    //定义一个变量,控制 for 循环次数
  while(time_ms--)            //使用条件循环语句,控制延时时间
  {
    for(n = 0;n<115;n ++ );   //执行空语句,延时 1ms
  }
}
```
/**

独立按键键盘扫描函数

1. 独立按键连接宏定义的 key_8_GPIO 端口
2. 返回一个 8 位无符号二进制数
 (1)无按键按下,返回值为 0x07;
 (2)KEY0 按下,返回值为 0x06;
 (3)KEY1 按下,返回值为 0x05;
 (4)KEY2 按下,返回值为 0x03。

```c
                                                    ***********/
unsigned char keyscan_8()
{
  unsigned char key_8;              //定义变量,临时保存键盘扫描值
  key_8 = key_8_GPIO&0x07;          //获取 KEY0～KEY2 按键信息
  if(key_8! = 0x07)                 //判断有无按键按下
  {
    delay_ms(10);                   //延时 10ms,去抖动
    key_8 = key_8_GPIO&0x07;        //再次获取 KEY0～KEY2 按键信息
    if(key_8! = 0x07)               //确认是否有按键按下
    {
      return key_8;                 //返回键盘扫描值
    }
  }
  return 0x07;                      //返回 0x07,表示无按键按下
}
/*************************************************************
                         静态数码显示函数
```

(1)显示一字节数据(8 位)。

(2)形参为显示内容,与 led_5_tab[]数组中的元素对应。

(3)静态数码管采用 74LS164 芯片:上升沿触发式移位寄存器,串行输入数据,然后并行输出。

```c
*************************************************************/
void led_5_display(uchar byte)
{
  uchar num,i;                      //num 存储显示段码,i 控制 for 循环次数
  num = led_5_tab[led_5_data[byte]];    //将显示段码存入 num 变量
  for(i = 0;i<8;i++)
  {
    led_5_CLK = 0;                  //将 74LS164 芯片 CLK 端置 0
    led_5_DIN = num&0x80;           //取最左边一位数传输
    led_5_CLK = 1;                  //产生上升沿触发信号,输入数据
    num<<= 1;                       //显示段码左移 1 位,准备输入下一位数
  }
}
/*************************************************************
                         动态数码显示函数
```

在指定位置,显示指定字符:

(1) 显示位置由形参"led_bit"决定:在第 led_bit 个数码管位置显示。
(2) 显示内容由形参"led_data"决定:是数组 dis_data[]中的第 led_data 个字符。
**/

```c
void led_6_display(uchar led_bit,uchar led_data)
{
   led_6_data_GPIO = led_6_tab[led_6_data[led_data]];   //将段码送 DATA 端口
   led_6_bit_GPIO = led_6_bit[led_bit];                 //将位码送 BIT 端口
   delay_ms(1);                                         //延时 1ms,稳定显示
}
void time_T0() interrupt 1                //定时器 T0 中断子程序
{
   time_num + + ;                         //每间隔 0.25ms,产生一次中断
   if(time_num>39)                        //判断是否计时到 10ms
   {
      time_num - 0;                       //中间计时变量清零
      time_ms + + ;                       //"10 毫秒"计数变量加 1
   }
   if(time_ms>99)                         //判断是否计时到 1s
   {
      time_ms = 0;                        //"10 毫秒"计数变量清零
      time_s + + ;                        //秒变量加 1
   }
   if(time_s>59)                          //判断是否计时到 1min
   {
      time_s = 0;                         //秒变量清零
      time_min + + ;                      //分钟变量加 1
   }
   if(time_min>59)                        //判断是否计时到 1h
   {
      time_min = 0;                       //分钟变量清零
      time_hour + + ;                     //小时变量加 1
   }
}
void main()                               //主函数
{
   uchar n;                               //定义变量,控制 for 循环次数
   uchar key_8;                           //定义变量,保存按键值
   TMOD = 0x02;                           //定时器 T0 工作于方式 2,自动重装初值
```

```c
    TH0 = 0x19;                          //定时器 T0 赋初值
    TL0 = 0x19;                          //每间隔 0.25ms,产生一次中断
    EA = 1;                              //总中断打开
    ET0 = 1;                             //定时器 T0 中断打开
    while(1)
    {
      key_8 = keyscan_8();               //调用键盘函数,获取按键值
      if(keycode_8! = key_8&&key_8! = 0x07)   //判断是否有新按键按下
      {
        keycode_8 = key_8;               //保存最新按键状态
      }
      switch(keycode_8)                  //判断按键状态
      {
        case 0x06:TR0 = 1;break;         //KEY0 按下,秒表开始计时
        case 0x05:TR0 = 0;break;         //KEY1 按下,秒表停止计时
        case 0x03:TR0 = 0;time_hour = 0;time_min = 0;   //KEY2 按下,秒表清零
                  time_s = 0;time_ms = 0;time_num = 0;break;
      }
      led_6_data[0] = time_hour/10;      //刷新时、分、秒、"10 毫秒"存储数据
      led_6_data[1] = time_hour%10;
      led_6_data[4] = time_min/10;
      led_6_data[5] = time_min%10;
      led_5_data[0] = time_s/10;
      led_5_data[1] = time_s%10;
      led_5_data[3] = time_ms/10;
      led_5_data[4] = time_ms%10;
      for(n = 0;n<5;n + + )               //静态数码显示 5 位数
      {
        led_5_display(n);                //在指定位置,显示 1 个字符
      }

      for(n = 0;n<6;n + + )               //动态数码显示 6 位数
      {
        led_6_display(n,n);              //在指定位置,显示 1 个字符
      }
    }
}
```

项目评价

评价项目		评价标准	配分	学生自评	同学互评	老师点评	总评
职业素养	设备交接	使用前不按要求清点设备扣2分;离开前不按要求清点和还原设备摆放扣3分;不认真参与实训,做与实训无关的事或大声喧哗等一次扣2分;操作过程中人为损坏设备扣15分;计算机未正确关机扣2分;试验箱未摆放到位扣2分;导线未整理扣2分;桌凳未摆放整齐扣2分;工位上未清扫干净扣2分;扣完为止	20分				
	规范操作						
	实训纪律						
	清洁保持						
知识与能力	51初值设定软件	(1)了解"51初值设定软件"。 (2)在使用定时/计数中断时,会使用"51初值设定软件"设置计数初值	10分				
	定时中断	(1)掌握定时/计数器的组成结构。 (2)了解定时/计数器的区别。 (3)能使用定时/计数器结合中断处理程序的综合应用	15分				
	秒表电路的搭建	能根据秒表电路程序设计要求,在天煌THMEDP-2型单片机技术实训箱中搭建实验环境	15分				
	编写秒表程序	(1)能实现按键功能。 ① 按KEY0键:启动秒表计时; ② 按KEY1键:停止秒表计时; ③ 按KEY2键:清零、复位秒表。 (2)秒表显示。 ① 动态数码管:左2位显示"时"、右2位显示"分"、中间2位显示"-"; ② 静态数码管:左2位显示"秒"、右2位显示"毫秒"、中间1位显示"-"	30分				
汇报展示	作品展示	可以为实物作品展示、PPT汇报、简报、作业等形式	10分				
	语言表达	语言流畅,思路清晰					
总分							

注:总评=自评×30%+互评×30%+点评×40%。

学习笔记

拓展习题

一、选择题

1. 下图是 5 位静态数码管显示电路，74LS164 芯片是上升沿触发的移位寄存器，放置在 DIN 端口的一个用于控制数码管 D5 的 dp 段的数值，在 CLK 端口输入第（   ）个上升沿信号才能送到数码管 D5 的 h5 端子。

A. 8　　　　B. 16　　　　C. 24　　　　D. 32　　　　E. 40

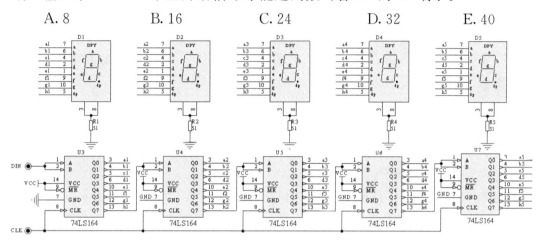

静态数码管显示电路

2. "8 位定时/计数器，原 16 位计数器的低位字节，用于计数；高位字节，用于保存计数初值。能够自动重装计数初值，常用于精确定时"是定时/计数器的哪种工作方式？（   ）

A. 方式 0　　　B. 方式 1　　　C. 方式 2　　　D. 方式 3

3. 假如在"51 初值设定"软件窗口中显示初值为"D3E5H"，那么对 TL0 正确的赋值语句是（   ）。

A. TL0＝0XD3　　　　　　B. TL0＝0X3E
C. TL0＝0XE5　　　　　　D. TL0＝0X5H

4. 在秒表设计项目中，做了以下端口连接：

（1）动态数码显示模块 DATA 连接单片机 P0 端口，BIT 连接单片机 P1 端口；

（2）静态数码显示模块 DIN 连接单片机 P20 端口，CLK 连接单片机 P21 端口；

（3）独立键盘 KEY0 连接 P30 端口，KEY1 连接 P31 端口，KEY2 连接 P32 端口。

以上使用的单片机端口中，作为输入口的是（   ）。

A. P30、P31、P32　　　　　　B. P0、P1、P20、P21

C. P30、P31、P32、P20、P21　　D. P0、P1

二、判断题

1. 本项目设计秒表的显示格式为"秒-10 毫秒",比如某时刻显示"38-97",则表示 38 秒 970 毫秒。（　　）

2. 定时/计数器工作方式控制寄存器 TMOD 的标志位 CT＝0 时,定时/计数器工作于定时器模式。（　　）

3. 执行语句"num＝led＿5＿tab［led＿5＿data［byte］］",赋给变量"num"的值来自数组 led＿5＿data［］。（　　）

4. 秒表启动后,如果连续按停止键 KEY1 两次,则第一次按下停止计时,第二次按下后会接着继续计时。（　　）

三、填空题

1. 1 分钟 ＝ _____ 秒（s）,1 秒（s）＝ _____ 毫秒（ms）,1 毫秒（ms）＝ _____ 微秒（μs）。

2. 寄存器 TMOD 是用于控制定时/计数器 T0 和 T1 的工作方式,它的低 4 位用于控制定时/计数器 _____ ,高 4 位用于控制定时/计数器 _____ 。

3. 执行语句"TMOD＝0x52",即设定定时/计数器 T0 工作在 _____ 模式,T1 工作在 _____ 模式,T0 的工作方式为 _____ ,T1 的工作方式为 _____ 。

4. 关于实训程序中对 6 位动态数码管的显示,设置的每个数码管每次稳定显示时间为 _____ ,使用的语句是 _____ 。

四、综合题

1. 使用定时/计数器,首先要进行初始化设置,初始化设置有哪些步骤?
_____
_____

2. 认真阅读任务四的秒表程序,试分析:假如按下 KEY0 键启动计时后,程序运行 108 小时 55 分 40 秒时按下 KEY1 键,数码管显示时间是多少?
_____
_____

五、探索实践

设计一个时钟显示程序,使用六位动态数码管以"小时．分钟．秒"的格式显示时间。

参考文献

[1] 吴围. 单片机原理与应用[M]. 上海：上海交通大学出版社，2012.
[2] 邓平. 单片机应用实训教程[M]. 重庆：重庆大学出版社，2013.
[3] 张毅刚. 单片机原理及应用[M]. 4版. 北京：高等教育出版社，2021.
[4] 林立. 单片机原理及应用（C51语言版）[M]. 北京：电子工业出版社，2018.
[5] 刘乐群. 单片机实验及实训[M]. 安徽：安徽大学出版社，2016.
[6] 黄文胜. C语言程序设计基础[M]. 重庆：重庆大学出版社，2019.
[7] 何钦铭. C语言程序设计[M]. 3版. 北京：高等教育出版社，2015.